U0032612

企業名著62

總經理的面具

◆掌握管理的情境◆

葉匡時◎著

一本透過人性看管理的書

元智大學遠東管理講座教授
中華民國管理科學學會理事長　許士軍

管理，自其基本意義而言，應有其管理的對象，那麼，這對象是什麼？籠統言之，這一問題的答案似乎應包括：「人、事、物」，他們都是管理的對象。尤其早期的管理常發展於工廠的環境中，所針對的，爲機器的布置或物料之供應之類，偏重於物的管理；再如甘特圖及統計品管之類技巧，則偏重於事的管理。但是，探究到最後，管理眞正的對象，都是有關人的問題；換言之，不管是「物」的管理，或是「事」的管理，都要靠「人」產生構想，更要配合「人」的意旨、態度和行爲。誠如一句廣告詞所說：「科技始終來自於人性」，科技如此，管理更是如此！

也許上面所說的道理是十分淺顯的，但卻是十分關鍵的，主要來自一種觀察：有許多時候，人們探討管理，將其簡化爲純然屬於數字或邏輯問題，竟然把人的因素全然排除，這種作法，似乎有違管理的本質。

每次拜讀葉匡時教授有關管理的論著，從他過去所出版的《總經理的新衣——打破管理的迷思》、《總經理的內衣——透視管理的本質》，到如今的這本《總經理的面具——掌握管理的情境》，它們所給人的強烈感受，就是濃郁的「人」味——一切論點都離不開以「人」爲核心，或自「人」的立場或本性以探討管理的道理。

有如佛洛依德分析人格發展，將其分爲「本我」（id）、「自我」（ego）與「超我」（superego），在葉教授的論著中，似乎將管理者以及管理對象的人，也兼顧了「人性」、「人情」和「人格」三方面的特質。例如他論及「私心」和「自我」的關係，或「面」與「心」的善惡結合，「知識」、「見識」與「膽識」問題，無非是強調一個基本道理，管理應建立在對於人性的徹底了解，以及「因勢利導」上面。

凡是探討人的問題，必不會疏忽其與環境因素間的關係，後者包括其生活的群體，社會以至於文化。我們也從葉教授的書中發現，他對於管理理論的詮釋，不同於一般教科書者，在於透過他對於當前台灣社會以及我國文化的了解，將許多理論具體反映在他對於社會上所流行成語的大量使用上，例如「勤能補拙」、「群龍無首」或「面惡心善」之類。基本上，像這些成語所指述的人情世故，具有強烈的社會文化意涵，這是在外文書中所找不到的。

拜讀葉教授的文章所能獲得的最大樂趣——和啓發——常來自他的一些不同於世俗觀念的見解，以及明心見性的快人快語，例如他認爲優秀的領導人並不是「無私無我」，而應當是「無私而有我」的人；「群龍無首，有何不可」；經營企業應當是「專注事業」，而非「專注本業」等等。他也指出，台灣過去的國際競爭優勢，乃是來自於「以第一流人才從事第二流事業」，但是今後所能努力者，即如何將所經營者能夠提升到從事「第一流事業」上，這種講法無疑是對於我國企業界的一大挑戰。

葉教授所討論的管理，是一種超脫狹隘意義下的管理，譬如他重視企業領導人的「格局」問題，自哲學、文化和歷史觀點，以透視他們「面具」下的眞我。同樣的，在葉教授的文章中，也經常流露出他個人對於企業經營的哲學思考和歷史眼光，譬如他將笛卡兒的話應用到企業身上，認爲「企業思故企業在」，因此企業「唯一不能外包的工作，就是企業的思考」；他也將達爾文的進化論應用於企業身上，將原文改爲「業競天擇，試者生存」。使人讀到這些地方，不但言簡意賅，發人深省，而且令人有妙趣盎然之感。

非常高興，葉教授再次出版他的著作，讓我們可以分享他對於管理的見解和悟解。他的文章不但讓我們獲得知識上的營養，更難得的是，它同時帶給我們閱讀的樂趣，這是許多管理論著所沒有的。匡時兄，這該是我拜讀閣下這本書的感言吧！

物理作用與化學作用兼顧的管理小品

大塊文化董事長　郝明義

出版業是個很奇特的行業。過去，我們稱之爲文化事業，近來，則經常稱之爲文化產業。從「事業」到「產業」，固然已經是邁進了一步，把出版業和其他行業在許多層面拉上了一個共同的討論基礎，但畢竟前面還冠了「文化」兩字。也因爲「文化」這兩個字的作用，出版業的管理和其他產業相比，不論從別人的觀感或自我的認知上，總有些「異類」的感覺。

出版業之所以會在管理上「異類」，我一向認爲要歸因於出版的兩種作用：一種是物理作用，另一種是化學作用。

物理作用指其中有規律，可以量化，可以計算，可以推論的那個部分。

化學作用指其中大有變化之學，上次實驗和下次實驗所得，可能天南地北的那個部分。

印製成本的控制、會計報表的呈現、倉儲貨架的管理，甚至發行通路的鋪貨，都算是物理作用。你可以設計一套機制、模式、方法，來進行數字的管控。在一個物體上以什麼角度、出多大的力，這個物體會出多大的功，是可以計算出來的。

選題的策畫、編輯的概念、美術的設計，以及促銷與宣傳的配合，卻很像是化學作用。你可以有理論、有歸納、有數據，然而，很奇怪的是，同樣的配方卻不見得會得出同樣的結果。同類的創作，這位作家的作品總是受到歡迎，那一位卻總是被冷落；同樣一位作家，上一本作品還大受歡迎，下一本卻大不如前。一本書的書名變動兩個字，封面設計變換一個顏色，結果能造成完全不同的銷售結果，這種化學變化的差異性之大，就更不必說了。

所以，我們也可以換個說法。

物理作用，發揮在「產業」上，是一種組裝的作用，也可以說是理性的作用。

化學作用，發揮在「文化」上，是一種調和的作用，也可以說是感性的作用。

有的出版公司，物理作用很強，因此即使是缺乏化學作用的能量或爆炸，靠一定的機制就可以向前運作。

有的出版公司，化學作用很強，因此即使是物理作用顛簸難行，三不五十還可以靠化學作用的能量或爆炸，向前推進。

但是，出版公司在發展到一定規模之前，可以在物理作用與化學作用之間，擇一而行；出版公司要發展到一定規模之上，卻非物理作用與化學作用兼有其妙不可。

讀葉匡時先生的《總經理的面具》，讓我首先想到的是，出版業的「物理作用」與「化學作用」，其實也存在於其他產業。這一點，使我以喜以憂。以喜的是，畢竟有許多事情是可以參考別人的規則與經驗；以憂的是，出版業的管理做不好，沒什麼「異類」的藉口好找，只能乖乖地用功了。

另外，作者把經營者要面對的「領導角色」、「企業定位」、「公司治理」、「組織學習」等一個個領域，用很生動的角度、輕鬆的文筆寫下來，從文章的本身，就體現了「物理作用」與「化學作用」的兼顧，難能可貴。

尤其看葉匡時先生〈如何選讀管理書籍？〉的那一篇，一方面很高興我自己對閱讀的一些看法獲得共鳴；另一方面，他在管理書籍這個領域裡所做的分類與推薦，又勾起了我進一步思索與閱讀的興趣。

就一個讀者而言，很感謝。

自序

這是我的第三本管理小品集。我的第一本書《總經理的新衣——打破管理的迷思》，重點在「破」，破除市面上許多似是而非的管理理論。我的第二本書《總經理的內衣——透視管理的本質》，重點在「立」，建立讀者理解管理的觀點與方法。這一本書《總經理的面具——掌握管理的情境》，重點則在「行」，希望讀者能夠在面對各種不同的管理情境時，知道如何具體執行管理工作。

面具，聽起來有些虛假。難道擔任經營者要隨時換上不同的虛假面具嗎？這本書倒不是要表達經營者的虛假面貌，而是想要用面具作爲角色扮演的隱喻。經營者常常要面對許多不同的情境，雖然這些情境都與企業經營相關，經營者要知道變換角色，唱演不同的戲碼。

我在寫前兩本書時，並沒有經營企業的實務經驗，當時我對企業的理解，主要來自於個人的學術研究、參與顧問及觀察。此次出版第三本書，其中的論點不僅仍然包括我的研究與觀察心得，也有很多來自於過去幾年我實際「下海」到企業參與管理的實務經驗。

二〇〇〇年八月，我卸下中山大學傳播管理研究所所長的職位，借調到太平洋聯網科技擔任營運長的工作。太平洋聯網當時是台灣第三大的有線電視系統經營商，旗下擁有十一家有線電視系統、六十萬客戶與一千多名員工。一年半的營運經驗，不僅讓我對企業經營實務有更深刻的體認，同時也更深入理解台灣企業賴以生存的基層社會。

我辭去太平洋聯網工作重返學校之後，又因爲其他的機緣，擔任燦坤實業以及百略醫學科技的獨立董事，因而有機會近身觀察到這兩家企業創辦人的思維與決策模式，對我而言，這又是另一趟非常特殊珍貴的學習之旅。

除了這些實務經驗之外，這些年來，我還陸續參與了數家企業的創立與經營，因而對於企業的創立與成長所可能面臨的種種問題，體會頗深。作爲一個管理學者，我感到非常幸運自己能擁有豐富的實務經歷，它讓我更堅信行動的重要。經營者最重要的一種能力，就是知道自己處在什麼情境，知所反省，並能即知即行。因此，我將這本書的副標題訂爲「掌握管理的情境」。

書中所收錄的絕大部分是一九九九年之後陸續發表在報章雜誌的文章，經過重新編輯整理後成書。其中〈什麼是CEO？〉、〈難做的CEO〉、〈CEO的五項面具：CEO五E〉發表在《誠品閱讀》；〈惠普公司的變與不變〉在《工商時報》發表；〈企業與員工的心理契約〉發表在《天下》雜誌；另外，〈如何選讀管理書籍？〉以及〈知識管理一二三〉則爲新作，未曾發表；其餘的文章則都在《經濟日報》副刊登載過。一九九九年中到二〇〇一年年底，我曾爲北京《京萃周刊》撰寫管理小品文，因此，本書中有不少文章是在《經濟日報》與《京萃周刊》同時發表的。

一如前兩書，我要感謝許多學界與商界的朋友，他們提供我豐富的寫作內容與靈感，我無法在此一一致謝。但是，我要特別感謝下列朋友的協助：《經濟日報》的陳啓明女士給我的鞭策與鼓勵，使得我能持續在《經濟日報》撰寫「企業廣角鏡」專欄；曾經有「紙上風雲第一人」美譽的資深媒體人高信疆先生，讓我有機會在北京《京萃周刊》撰稿，開啓了我與大陸讀者接觸的窗扉。另外，我要感謝黃梅英女士，協助我完成這本書的主要編輯工作；如果不是她的跟催，本書的出版可能還遙遙無期。

我也非常感謝台灣管理學界的泰斗許士軍先生，以及大塊文化的創辦人郝明義先生爲本書寫序。許先生治學與爲人的精神與態度，一直是我學習的榜樣。郝先生是我最尊敬的出版人之一，他所發行出版的書籍，大大提升國人的視野；所出版的《網路與書》，尤其令人折服欽佩。

當然，我一定要謝謝我的妻子蘇彩足教授對我的寬容，在我學界、商界兩頭忙時，她總會適時且智慧地協助我找回我自己；如果說，書會反映作者的本質，那麼本書中應該也找得到我妻子的影子吧！

目次

總經理的面具——掌握管理的情境

二、企業定位／六七

三、公司治理／一一九

四、組織學習／一七三

五、人才發展／二三三

六、社會觀察／二八九

總經理的面具——掌握管理的情境

一、領導角色

什麼是ＣＥＯ？

ＣＥＯ是Chief Executive Officer的縮寫，通譯成執行長，是公司的最高領導者，其主要職責在承董事會的委任，擬定並執行公司的重要方針與策略。在國際大企業中，通常有四個最高階的職位，分別是董事長（Chairman）、執行長（Chief Executive Officer，CEO）、營運長（Chief Operating Officer，COO）、財務長（Chief Financial Officer，CFO）。

董事長與執行長是否要由同一人擔任，並沒有定論

董事長是董事會的召集人，是公司的法定負責人，也可以說是公司衆多股東的代表，因此，董事長最重要的責任在保護股東的權益。在美國，董事長與執行長通常是同一個人，在英國則多由不同人擔任。究竟董事長與執行長是否應該是同一人，或是由不同的人擔任，專家之間各有說詞，至今尚無定論。

我認為，如果公司的董事長是公司的大股東，公司最後的負責人一定是董事長，那麼董事長與執行長應該由不同的人擔任，而公司的領導中心仍然是董事長；如果公司的股權非常分散，那麼董事長與執行長應該由同一人擔任，以免造成權力衝突，導致沒有人擔負公司最終的責任。現在台灣就有不少集團企業，開始實施董事長與執行長分離的制度，但董事長仍是真正的權力核心。比爾・蓋茲（Bill Gates）與安迪・葛洛夫（Andrew S. Grove）曾分別是美國微軟（Microsoft）與英特爾（Intel）公司的董事長兼執行長，但現在都不兼任執行長了，是否對公司經營比較好，還有待觀察。

台灣許多大企業的規模格局不過是國際大企業的某個部門、工廠的層級。董事長相當於國際公司的董事長與執行長合併的職位，負責策略以及涉外事務。總經理則比較像是國際公司的營運長，負責內部事務。但是，當企業大到一定規模，可以有好幾個總經理，此時在總經理之上，設個總裁或執行長，也是一個發展的趨勢。董事長多一個或少一個執行長的頭銜，或者總經理改稱營運長，都不具實際管理意義，董事長與總經理之間職權如何區分，才是重點。

營運長、財務長各有作用

通常執行長是公司營運績效的最終負責人，擁有訂定公司重要策略、公司併購、高階主管任命等權力。營運長則負責公司內部的日常運作，除了不負財務與重大策略的責任外，其他企業內的大小事都須由營運長負責。我們也可以用時間的長短來區分執行長與營運長的職權，例如，三個月以上的事由執行長負責，三個月以內的事屬於營運長。有些大企業，如惠普（ＨＰ）公司，可能有幾個大的事業部，各事業部分別設有事業部總裁（或稱資深副總）直接向執行長報告，這些公司就未必設有營運長職位。

財務長雖然也須向執行長報告，但擁有財務會計獨立管理運作的權力，並且可以不經執行長，直接向董事會報告。在經營的關係上，財務長一方面是執行長最需要依賴的管理副手，提供執行長最重要的管理數據，以及所應該採取的管理行動。但在另一方面，財務長卻也要發揮一定程度的制衡作用，以免執行長權力過於集中，公司經營風險也會跟著過於集中。因此，如果公司董事會的組成中，有經營團隊的代表，執行長與財務長通常是第一與第二位的代表。

從中文字義解釋，執行長與營運長這兩個翻譯，正好翻錯了。CEO其實應該翻成營運長，COO應該翻譯成執行長。因爲COO要承CEO之命，去執行CEO的策略；CEO則要從比較高的格局，思考並負責公司整體的營運。中國大陸把CEO翻成首席執行官就更離譜了，公司並沒有次席、三席執行官，所以「首席」兩個字是贅詞；但是官未必是最高的職位，所以要加個首席以凸顯最高職位的意義。這樣的翻譯，顯然不如台灣的精簡。

難做的ＣＥＯ

近年來，許多國際企業的執行長因為業績不佳而被撤換。不少文章因而認為ＣＥＯ已經成為艱苦行業，大公司愈來愈難找到適當的人選，ＣＥＯ的任期也愈來愈短。是什麼原因讓ＣＥＯ愈來愈難做？面對日益艱巨的挑戰，ＣＥＯ主要的任務是什麼？須具備什麼樣的特質與能力？

若認真加以探討，不難發現造成ＣＥＯ工作日益艱巨的主要原因有三：一是全球化；二是科技發展；三是市場經濟的全面勝利。

全球化下，須有強健的身體來繞著地球跑

在全球化的影響下，許多企業所要面對的經營環境不再局限在一地一處，而超越了國界地域的限制。企業負責人全世界走透透是家常便飯，且不談管理各地分公司的風土人情問題，光是舟車勞頓，沒有強健身體的人，就別想做CEO。全球化的結果，使得企業的競爭加劇，以前的企業只須在當地同業間具有競爭力就足以生存，但現在的企業則要在全球競爭。即使是遠在天邊的企業，它的威脅卻可能近在咫尺。

科技的進步發展，增加CEO的管理幅度與速度

科技的進展對企業經營的影響可以分爲兩方面來說，一是通訊科技的進步，使得組織溝通發生革命性的變化，無論是企業內部或企業之間的溝通成本都大幅降低，溝通速度加快，進而打破了傳統企業內的層級部門。以前的CEO可以經由層層的管理階層來管理整家公司，大概只要管理好七、八個部門主管就好了。現在公司內的任何員工都可以輕易地透過電子郵件與CEO溝通，連帶使得CEO的管理幅度大大增加，CEO也必須花更多的時間與人溝通。溝通速度的加快，連帶也加快了決策速度，決策者必須更緊張地面對經營環境。資

訊科技降低了溝通成本，提升溝通速度，卻增加了ＣＥＯ的溝通負擔與經營壓力，這實在是一件弔詭的現象。

其次，科技的發展對產業生態與競爭界限造成革命性的變化。過去井水不犯河水的產業界域，已經日趨模糊。例如，家電業與資訊業之間的界域已經不易區分，資訊業與生物科技業之間的產業關係也很難釐清。全球化使得企業要面對全球各地同業的競爭，科技的發展則使得企業要面對不同行業的競爭。ＣＥＯ不僅要對自己企業所在的產業熟悉，也要對科技的發展以及其他產業有一定的常識。換言之，ＣＥＯ不能畫地自限，要不斷學習，吸收新知。學習固然可以很愉快，但若老覺得自己追不上知識進步的腳步，「以有涯追無涯」，當然也可能是沈重的壓力。

市場經濟全面勝利，ＣＥＯ更須費心經營政治與公共事務

市場經濟全面勝利的意義，是資源與權力的重分配。過去企業要靠政府扶持，現在許多政府的工作要靠企業支持，透過民間企業來從事公共建設的ＢＯＴ，在全球各國蔚爲風潮，就是明證。企業ＣＥＯ已經不是單純的商人，是政治人，也是公衆人物，必須管理經營政治與公共事務。舉例來說，台灣半導體業者近年來花在說服政府，開放八吋晶圓廠赴中國大陸

設廠的時間與精力，可能不低於與營運直接相關的業務。企業經營者影響政府政策乃至於主導公共議題，舉世皆然，絕非台灣的特殊現象。只是各國體制風情有異，所要面對的議題與處理方式，各有巧妙不同。

在《企業人的新語言》（大塊文化出版）中，作者認爲現代企業領導人應該具有四種全球通識，分別是：了解自己的個人通識、體會與運用競爭合作道理的社會通識、建立願景帶動組織的商業通識、重視文化善用多元文化的文化通識。這本書以及耶魯大學管理學院院長所著的《新競爭時代》（先覺出版），都強調CEO不能只是單純的商人，要把格局放大，拉高關懷的層次，用全球化的眼界、全方位的角度，來思維企業經營之道。

董事會力量抬頭，CEO績效壓力更大

企業力量的興起，引起多方力量的注意，企業CEO既然可以是八卦媒體的最愛，當然更會吸引投資人關愛的眼神。近幾年公司治理（corporate governance）成爲最重要的管理議題，其中一個主題是如何評估CEO的績效。在一九六〇、一九七〇年代，國際大公司的CEO有如太上皇，董事會根本難以監控。但是，過去十多年來，在投資法人的要求下，董事會對於CEO的評估，益趨積極主動。因此，CEO要知道如何與董事會互動，這對公司的

長期發展，無疑是個比較健康的走向，但ＣＥＯ面對績效的壓力也變得更大、更直接。這幾年，許多國際知名公司的ＣＥＯ被董事會解職，就是董事會力量抬頭的結果。

在前述幾項重要因素的影響下，許多ＣＥＯ起初風光上任時，身心健康愉快，但幾年折磨下來，就算企業績效能符合衆望，身體可能也不容他繼任ＣＥＯ。至於績效不好的ＣＥＯ，當然就更容易捲鋪蓋走路了。ＣＥＯ任期從早期的十年、二十年，縮短成五年左右，毋寧是個自然趨勢。

ＣＥＯ的要件是承擔風險的能耐與策略思維的能力

ＣＥＯ既然這麼難做，還是得有人做，只是必須要有更好條件的人，用更高明的手段、更成熟的心態，做好這項工作。ＣＥＯ是公司最高也是最後的決策者，要承擔公司所有成敗的風險，因此ＣＥＯ的首要條件是承擔風險的能耐。可口可樂前任ＣＥＯ道格拉斯・依方斯特（Douglas Ivester）任期不到兩年就黯然下台，他曾是可口可樂非常傑出的財務長、營運長，也是可口可樂有史以來最傑出的ＣＥＯ，羅伯特・古茲維塔（Robert Goizueta）精心培養的接班人，在古茲維塔的領導下，依方斯特雖然稱職，卻從未眞正獨自承擔過重要顯著的決策風險。當古茲維塔過世之後，依方斯特雖然順理成章地接任ＣＥＯ，但在感情上卻無法承擔沒有古茲維塔支持的決策環境。所以，依方斯特無法成爲一個稱職的CEO。

除了承擔風險能力之外，CEO另一個極爲重要的能力，是策略思維的能力。所謂策略思維就是對公司的發展以及自己所要做的事情，能夠知所選擇，知道事情的優先次序。CEO的工作這麼多，壓力這麼大，想要面面俱到是不可能的，因此，能夠分淸楚事有緩急輕重，是CEO能否稱職的必要條件。當然，優秀的CEO還要具備其他的領導人特質，讓我留在後面幾篇文章中討論。

CEO的五頂面具：CEO五E

身爲企業最高負責人的CEO，到底該扮演什麼樣的職責才稱得上是好的CEO呢？我認爲除了扮演好所謂的執行（Execution）之外，若是能同時扮演好教育（Education）、倫理（Ethics）、娛樂（Entertainment）、賺錢（Earing）等另外四個「E」的角色，就是十分稱職的CEO，我們可以說這五E是CEO在不同的情境所須戴的五頂面具。

CEO的五頂面具：執行、教育、典範、娛樂、績效

CEO既然是執行長，就要帶頭執行政策。無論是多好的策略或創意，若是無法落實執

行，都是枉然。換言之，CEO不是來做官管人的，而是要確實精準地達成政策目標。

CEO應該是Chief Education Officer，也就是教育長

一個好的領導者一定也是好的教練，需要因材施教，循循誘導他的部屬。被公認爲二十世紀最偉大的企業領袖——美國奇異（GE）公司的前任CEO傑克·威爾許（Jack Welch），就花很多時間教導員工。威爾許每隔兩周就親自到奇異公司的Crotonville教育訓練中心親自授課，十五年來從未缺過一堂課，他對教育訓練的重視，可見一斑。威爾許不僅親自教導，還要求其重要幹部投入教導工作，使得奇異公司培養了一批最優秀的經營人才，成爲美國各大公司爭相禮聘爲CEO的對象。依據威爾許的看法，好的企業不能僅是學習型組織，更應該是教導型組織。

CEO應該是Chief Ethics Officer，也就是倫理長

領導者必須以身作則，同時要非常重視自己以及員工的倫理行爲，公司才能維持好的形象，獲得社會肯定，才有可能永續經營。台積電的CEO張忠謀就親自擬定公司的十項信念，希望公司全體都能符合高度的倫理要求。張忠謀經常不厭其煩地對員工仔細解釋這十項

信念的意義，可以說就是在從事倫理長的工作。現任台灣固網總經理、原台積電財務長的張孝威曾表示，他在張忠謀身邊感受學習最多的，就是張忠謀對誠信正直的堅持。其實，所謂的倫理就是行爲的規範，因此，倫理長的工作是企業文化與價值觀的凝固。一個不短視的ＣＥＯ，一定會注意到企業文化與價值觀是否足以讓企業長青。事實上，現在有非常多的國際公司的確設有倫理長一職，不過，倒不是由ＣＥＯ兼任就是了。此處所要說明的是，ＣＥＯ要對公司價值倫理的維護負最後的責任。

ＣＥＯ應該是Chief Entertainment Officer，也就是娛樂長

公司固然是員工藉工作以謀生的地方，同時也要是員工獲得成就與喜悅的地方。因此，ＣＥＯ必須努力使部屬有成就、有喜悅，如此，部屬自然會爲公司盡心盡力，公司才會卓然有成。像安泰人壽大中華區的ＣＥＯ潘燊昌每年在尾牙時都會「犧牲色相」，扮演各種人物來取悅員工，成爲企業的佳話。在潘娛樂長的領導下，無怪乎該公司能夠迅速地超越許多根基深厚的本土公司，成爲業績僅次於國泰人壽的保險公司。此一風氣，已經擴散到其他許多企業，大公司的ＣＥＯ或高階主管在每年尾牙或春酒時，裝模作樣取悅員工，已經不足爲奇了。由此可見，大老闆或高階主管有時也必須放下身段，讓工作場域更愉快。事實上，我們

也可以把娛樂的定義稍作延伸，這也可以是員工關係的塑造，好的CEO必須重視人才、重視公司員工的工作環境。娛樂長的工作不正是如此嗎？

CEO應該是Chief Earning Officer，也就是賺錢長

不論CEO怎麼做、做什麼，我們還是要看CEO最後交出的成績單，也就是績效評估。公司是營利事業，所以我們評估CEO最重要的指標，是這位CEO替公司賺了多少錢、創造多少的股東價值。如果一位CEO能做好前面所說的四項工作——執行、教育、倫理、娛樂，那麼這位CEO一定會是一位優秀的賺錢長。

「人生如戲，戲如人生」，這CEO的五E就好像CEO的五頂面具，在不同的場合或情境時，CEO要知道戴適合的面具上場演戲。

柔性領導與剛性紀律

在組織管理中，人治與法治這兩個層面看似衝突，卻都很需要，必須有良好平衡的配合。人治指的是領導者依個人意志，因人因事而有彈性調整，不拘泥於一格，應該要柔；法治指的是企業依制度行事，不能輕易因人而異，本質是剛。人治與法治的最好配合方式，就是「柔性領導、剛性紀律」。

強勢的領導者會淪爲沒有優秀人才可帶領的下場

在傳統的認知上，大家會認爲好的領導者必須是一個強勢的領導者。他應該是組織中最優秀、最具魅力的人，必須樣樣專精、事事能幹。然而，隨著經營環境的多元化與快速變化，經驗與知識都面臨快速折舊的挑戰，領導者愈來愈有可能帶領一群知識能力都比自己還要優秀的部屬。此外，多元化與經濟發展的結果，更使得現代人的自主意識大爲增加，領導者想要把自己的意志強勢加諸部屬身上，也愈形困難。換言之，強勢領導的背景條件已經逐漸逝去，領導者若是過分強勢，反而可能會落到沒有優秀人才可以領導的下場。老子說：「柔弱勝剛強。」誠然不假。

組織是衆人的集合體，每個人都必須在一定的規範下運行，否則就有如開車不守交通規則，會造成難以收拾的後果。紀律就是員工所應該遵守的原則與規範，有如開車的交通規則，也可以說是員工對工作態度與目標的承諾。每個組織各有其環境、策略與生態，各自的紀律也有所不同。剛性紀律不是指規範內容的嚴苛繁雜與否，而是指被規範的紀律能否確實執行。例如，公司可以規定員工不穿制服，也可以規定員工要穿制服，但只要一規定下來，就應該確實執行，否則就不要規定。

以謙虛個性與專業堅持，帶領企業卓越長青

一個有剛性紀律文化的企業，一定會謹愼周延的考慮後才確定規範，因爲，當規範一訂

定之後，就必須嚴格遵守，不容輕易變動。近來，在企業界盛行的六標準差活動，公司所有的員工運用同樣的語言與統計數字，齊心一致地從顧客觀點出發，改善公司績效，其實就是一種剛性紀律的推動。

根據《從A到A＋》（遠流出版）一書的研究，能夠帶領企業從優秀到卓越的領導人都是第五級領導人。第五級領導人就是藉由謙虛的個性和專業的堅持，建立起持久的卓越績效。該書作者吉姆・柯林斯（Jim Collins）也在《基業長青》（智庫出版）一書中表示，卓越長青的企業都同時擁有兩個看似衝突的目標或文化。第五級領導人就是結合兩種看似衝突的特質——屬於柔性的謙虛個性，以及屬於剛性的專業堅持。同樣的道理，就人治與法治的層面來說，柔性領導的人治以及剛性紀律的法治看似衝突，卻是帶領企業走向卓越的必要作法。

面惡心善與面善心惡

我們一般可以信任接受面惡心善的人，但對面善心惡的人，我們要避之唯恐不及才對。但是，如果我們把善惡與心面重新詮釋，有效的企業領導者應該面善心惡，反之，面惡心善的人不適合當企業領導人。

在這裡，「善」指的是能夠尊重對方，替對方著想，乃至於爲對方的利益犧牲自己的利益；「惡」則指能夠不顧慮人情地就事論事，依法、依制度即斷即行。「面」也可以指顯示在外面的行爲；「心」則指基本的原則與規範準則。

面惡心善者不會是有效的領導者

所謂面惡心善的領導者，在平日的行爲上對部屬的管理十分嚴厲，不假顏色，但在最後實際的決策上，卻可能很仁慈。例如，當部屬犯錯時，面惡心善的領導者會疾言厲色，但卻不會採取「惡行」，如減薪、解聘等懲罰手段來處罰部屬。主管的領導風格若是面惡心善，部屬只要能夠忍耐應付老闆的責罵，又何必眞正的求改進呢？能夠獲得主管喜愛重視的幹部，大部分屬於那些對老闆忠心、卻未必有能力的人。這類主管的領導績效不彰，毋寧是正常的結果。據說，蔣介石就是這樣的領導者，他雖常常對部屬疾言厲色，但是卻很少眞正地處罰對自己忠心的部屬，就算迫於形勢，一時處罰了他的部屬，只要部屬對他效忠認錯，他最後還是會再度重用該名部屬。蔣介石失去中國大陸美好江山，與其領導風格不無關係。

至於面善心惡的領導者則剛好相反。在平時，他可能會和顏悅色地解釋、教導部屬，但是，當部屬犯錯時，他絕對是依法行事、紀律嚴明，不容部屬有僥倖的心理。必要時，他會有如諸葛亮般地「揮淚斬馬謖」，對於人事的處理上毫不因循，因此，面善心惡的領導者可以不怒而威。統一企業董事長高清愿可能就屬於面善心惡的領導者，他雖然常帶微笑，對部屬十分仁慈，但是在用人處事上，一切照公義原則，不會輕易妥協、和稀泥。事實上，絕大部分的有效經營者都是面善心惡者。

透過面善心惡的領導方式，建立公司的重要制度與規範

面善心惡的領導者可以立威立信，因爲部屬知道長官是不講人情，只講是非的。相對而言，面惡心善的領導者很難立威立信，因爲，部屬知道長官仁慈，犯了錯最多被長官說說罵罵，調個職位而已。哪種領導方式可以達到較好的績效，也就不言而喻了。

照理說，還有面善心善、面惡心惡兩種領導風格，但中國人認爲好的領導者應該是恩威並濟，我們可以說恩就是善，威就是惡，因此，面善心善或面惡心惡都稱不上是恩威並濟的領導，而面惡心善與面善心惡才屬於恩威並濟的作法。中國人講人情，什麼法律不外人情的想法已經深入人心，唯有面善心惡的領導方式，才有可能從教化與規範兩方面著手，建立公司的重要制度與規範。

無私無我與無私有我

無私與無我通常是連在一起形容某些人的人格特質，但無私與無我這兩個詞的意義不盡相同。有些人是自私而無我，也有些人是無私而有我。一般人認爲理想的領導人應該是無私無我的，但眞正優秀的領導人應該是無私而有我的人。

無私無我不能領導

私指有形的一己利益，我則指個人的自我認同。自私而無我的人，可以爲了自己的利益，而做出違背或扭曲自己人格良心的人。春秋時代的易牙，可以爲了醫治好齊宣王的病而殺死自己的兒子，可以說是自私而無我的極致表現。易牙這麼做爲的是什麼？當然是爲了獲得國王的恩寵，獲取最大的私利，但他連自己的兒子都可以不要，不是無我到毫無良心可言了嗎？現在有許多政治人物可以爲了自己的利益，做出賣祖求榮、沒有人格、令人不齒的行爲，這些人就可以歸類爲自私而無我。自私而無我者的特質是欺世媚俗，阿諛奉承權勢，爲了一己利益可以忘了自己是誰。

無私無我的人，當然是受人喜愛歡迎的人。他不計較個人利益，也不會爲自己的立場而爲難別人。但這種人無法成爲好的領導者，因爲無我，所以他不會堅持自己的使命或立場，自然也就難以凝聚感動人心的力量。領導學大師貝尼斯（Warren Bennis）曾說過，好的領導是讓別人做自己想做的事，是一種自我實現的過程，無我的人連自己的認同與使命都可以輕易改變，又怎麼能成爲好的領導者呢？

有我就是有使命感，才能成爲優秀的領導人

中國傳統的知識分子通常以宋朝張載所言的「爲天地立心，爲生民立命，爲往聖繼絕學，爲萬世開太平」自勉，有很強的使命感，而使命感就是一種自我。在這個自我下，典型的知識分子，可以效法范仲淹以無私的態度表現出「先天下之憂而憂，後天下之樂而樂」，

但他絕對不是無我。典型的知識分子很在意自己能否「內聖外王」，很在意自己在歷史的地位。所以說，典型的知識分子是無私而有我。

自我太強的人可能會聽不進別人的逆耳忠言，可能無法放下身段禮賢下士，但是，領導者有強烈的自我才能散發領導的企圖與魅力。創業家之所以要創業，不都是因爲自我太強，不能屈居他人之下使然？無私有我的人，可以透過他的無私而得到別人的信任與支持，可以透過他的自我而吸引到與他理念相通的人。這正是有效領導的基本條件：吸引一群與自己理念相通的人，成就自己的理念。雖然無私而有我並不保證是成功的領導，但成功的領導者一定要無私而有我。

企業領袖的五力——體力、能力、毅力、魅力、熱力

我發現有效的領導者都具有優於常人的五種「力」，分別是：體力、能力、毅力、魅力，以及熱力。

體力是健康的身體與精神

體力指的是健康的身體與精神，能夠承擔繁雜巨量的工作壓力。所以，領導者要養成良好的飲食與運動習慣，此外，領導者還必須知道養性，才能維持好的精神狀態。領導工作常常涉及許多煩瑣的事務，領導者要養性實在不容易。二〇〇一年初，以一百零二歲高齡去世

的國民黨元老陳立夫曾說：「養身在動，養心在靜」，很值得參考。有時候，一個人能否有機會成爲成功的領導者，還要看他是否活得夠長、夠久。鄧小平三下三上，若是沒有好的體力，中國歷史恐怕要完全改寫了。

能力指的是專業的知識與管理的技能

徒有體力，充其量只是匹夫而已，領導者當然要有一定的能力。這個能力指的是專業的知識，以及管理的技能。企業領導者雖然必須是通才，但他一定先具有某種專業能力，可能是技術開發，可能是市場營銷，也可能是財務專業等。基本上，所有的企業領導人在一定程度上，都必須具備財務管理以及市場營銷這兩種專業知識。至於管理技能，我認爲策略思維、溝通技巧、決策分析以及執行力，應該是所有企業領導人都不可或缺的管理技能。事實上，絕大部分管理的敎育或訓練都集中在此，無須在此多費筆墨了。

毅力是一種承擔風險堅持理想的能力

領導者常常要面對高度不確定的經營環境與結果，因此，領導者的策略目標是對是錯，實在很難判斷，誰有毅力撐得比別人氣長，誰就是贏家。另一方面，領導者在帶領組織變革時，必定會遭遇許多挫折與阻力，如果毅力不夠堅定，怎麼可能有什麼成就呢？要注意，領導者雖然對目標理想要有毅力，但對於達成目標的方法應該保持彈性，不宜固執。領導者要如何有毅力呢？除了多讀、多看、多聽些勵志的故事外，多靠朋友同事的扶持與勉勵，也是重要方法。有時候，宗教力量的加持也能增進毅力。台積電在選拔評鑑幹部時，要看三個Q，分別是IQ、EQ以及AQ（Adverse Quotient）。AQ就是處在逆境時的承擔能力，可以說也是毅力的一種。

魅力來自於自知與自信

魅力是一種吸引力，它來自一個人對自己深刻了解之後所產生的信心。換言之，有自知與自信的人就是有魅力的人，如果領導者沒有自知與自信，又有誰會相信且接受他的領導呢？因此，好的領導者一定是有魅力的人，能服人、能吸引人、能影響人。當前受人欽佩的中外知名領導者，無論是企業領袖或政治領袖，每一位都具有十足的魅力。我們也看到一些人因爲父祖餘蔭或其他因素而位居要津，但卻看不出有任何魅力。這兩者最重要的差異，應該就是有無自知與自信。所以領導者應該不斷地了解與反省自己，進而培養自信，魅力就會油然而生。

熱力是一種油然而生的喜愛與感動

熱力就是英文的passion，也有人翻譯成熱情或激情，是對事或對人油然而生的喜好與感動。如果領導人對自己所做的事沒有特別的喜好與熱情，又如何能帶領別人執行他所希望完成的事情呢？世界最大的零售通路公司——美國沃爾瑪（Wal-Mart）百貨的創辦人山姆．沃爾頓（Sam Walton），在替公司擬定的十大經營法則的第一條就是「全心經營」，而他所定義的全心經營，就是要員工要有工作熱情，並且感染身邊每個人，把工作做得更好。在我讀到、聽到每一位傑出領導人談論領導時，都會強調熱情是領導者最重要的特質之一。透過熱力，領導者可以感動人，其他的四個力——體力、能力、毅力、魅力也可以隨之而生。

企業領袖的角色

迪士尼（Disney）公司的董事長兼執行長麥可・艾斯納（Michael Eisner），被公認是美國過去二十年最了不起的企業經營者之一。在一九八四年，艾斯納以年方四十的年紀接任迪士尼董事長之後，曾經創下連續十四年、每年百分之二十以上的獲利成長，並將迪士尼從經營主題樂園為主的公司，成功地轉型成為綜合媒體與娛樂的國際知名公司。

艾斯納在二〇〇〇年第一期的《哈佛商業評論》（*Harvard Business Review*）中表示，領導者主要有四個角色，分別是：以身作則（be an example）、身在現場（be there）、持續關注（be a nudge）、產生創意（be an idea generator）。以下就這四個角色做簡單的闡釋：

以身作則，成爲員工學習榜樣

身教重於言教，以身作則的道理不言自喻。以現在流行的學習爲例，如果企業領導人的確愛好學習，常常學習新知，企業員工自然就會有樣學樣，根本無需企業主管的叮嚀。以身作則的角色在企業推動轉型變革之際，顯得特別重要。企業領袖可不能只要別人變革，自己卻成爲變革的阻力。以身作則不同於身先士卒，做一個企業領導人，未必要事必躬親，而是要在做人處事的基本原則與態度上，樹立典範榜樣，讓員工尊敬的同時，也讓員工更明白公司的文化與價值。台灣製造業的龍頭鴻海精密的創辦人郭台銘規定員工開會不准遲到，有一次，他自己開會遲到，就處罰自己罰站，就是一個以身作則的好榜樣。

身在現場，直接感受員工需求

身在現場並不是要企業領導人身先士卒、無役不與，而是要領導人有機會與員工之間常有面對面的直接接觸。艾斯納說他所做過不好的決策，幾乎都是在視訊會議中做的。因爲在那樣的會議中，他無法捕捉到語言之外的訊息，如表情、眼神等。因此，企業領袖要身在現場，與員工相處，才可以眞正感受體會員工的態度、需求、承諾等。身在現場也就是管理上說的「走動式管理」（management by walking around），希望領導者要經常走到員工工作的現場，直接感受、理解，或發掘企業經營的問題。

持續關注，落實各個決策

企業在推動各種政策時，常常會有「一天捕魚，三天曬網」的現象。處在多變的環境，企業領導人因爲害怕跟不上時代，容易受到外界流行的各種管理理念或工具所迷惑，每每今天推個方案，明天又換一個想法，但是，卻很少持續關注各個決策實際執行以及維持的狀態。然而，企業競爭力的來源不僅在於創意點子，更在於這些創意點子被落實以及持續的程度。企業領袖的重要角色，就是有耐心地關注與落實各個決策，就好像機器維修工人，要隨時注意把機器的每個螺絲釘給鎖緊，不能有任何一個螺絲鬆散，以免造成整部機器的損壞，這就是艾斯納所說的be a nudge。

產生創意，帶領員工嘗試突破

迪士尼是家媒體製作公司，必須靠創意產生劇本、製作節目，因此艾斯納個人也需要不時地產生創意，一方面作爲員工的示範，另一方面也帶動員工勇於嘗試突破。在這個知識經濟的時代，任何企業都需要加強創意能力，創意的主要障礙是員工受到現實條件的拘束，難以暢懷地異想天開。企業領袖若能以身作則，產生許多突破性的創意，員工的創造力自然更能有所發展。

（後記：二〇〇〇年以來，艾斯納因爲在位太久，管理績效日益低落而受到相當多的批評。作者在修訂此文章時，美國最大的有線電視公司Ｃａｍｃａｓｔ正進行對迪士尼公司的惡意收購。艾斯納的執行長職位能否確保，還在未定之天。這也說明了，再好的企業領導者都不宜在位太久。）

企業領袖的年齡

一九九九年七月，美國製造業排名第十四的惠普公司，任命卡莉・菲奧莉納（Carly Fiorina）為新任總裁兼執行長。這位新總裁有四個特點，值得我國企業思考。第一、她的年齡僅四十四歲；第二，她是一位女性；第三，她大學修習的是歷史；第三，她是惠普公司成立六十多年來，第一位外人入主公司。受限於篇幅，我先在這裡討論第一個特點，以後再討論另外三個特點。無獨有偶的，世界最大的個人電腦公司康柏（Compaq）電腦也在當月任命新總裁，年齡也是四十四歲。

這讓我思考一個問題，我國大型企業的規模已經遠不如人，領導人在接任職位時，年齡爲什麼還遠比別人高呢？

歐美政商界領導人四十歲就冒出頭

通常歐美的上市公司對於企業領導人，都設有強迫退休的年齡，年過六十五歲還擔任企業負責人的，可說是少之又少。當企業領導人退休之後，由四十歲左右的人接任，並不足爲奇。奇異公司總裁威爾許、IBM的總裁路易・葛斯納（Louis V. Gestner Jr.）都是在四十歲出頭就接任現職。這些領導人若是表現良好，很可能會做個一、二十年才退休。在政壇上，英國首相布萊爾（Tony Blair）以及美國前總統柯林頓（Bill Clinton）也都在四十歲出頭時繼承大統。最具學術地位的美國哈佛大學，其前任校長也是四十歲接任校長職位，而在六十歲退休。

在我國，若是一位四十歲出頭的「年輕人」接任總統、台灣大學校長或中鋼公司的董事長，實在是件令人難以想像的事。記得二、三十年前，我國媒體曾經掀起一股老年人交棒的爭論，很顯然的，這個問題到現在還有得爭。

多給富有創意與動力的中壯年機會

如果純就年齡而論，四十歲左右的人應該夠成熟來擔任大型企業的領袖。但在我國目前的企業環境，你若想要在四十歲成爲大型企業的負責人只有三種可能：一、自行創業成功；二，你父親是一位成功的創業家，並讓你在四十歲接棒；三，在外商公司發展，成爲外商在台負責人。事實上，青年總裁協會（YPO）規定其成員的入會條件是，四十歲以前出任具有一定規模企業的高階主管。因此，其成員的背景，就不外乎是這三種背景。就專業經理人而言，想要在四十歲左右就「出人頭地」似乎只有在外商發展。不過，在台外商企業或許有其聲譽，一般的規模與運作範疇實在不大。所以，嚴格而論，專業經理人要在四十歲左右成爲大型企業領袖，可以說根本不可能。

年長者閱歷豐富，處事比較深思熟慮，當然有一定的優勢。我們也不應該以年齡來評斷一個人是否勝任某些工作。事實上，許多大企業在遇到危機時，基於穩健以及安定人心士氣的考慮，反而會請出已經退休但資歷顯赫的執行長重作馮婦。例如說，賴瑞·包西迪（Larry Bossidy）在近七十歲時，重新擔任聯合訊號（AlliedSignal）的執行長；二〇〇三年，七十一歲的傑拉德·格林斯坦（Gerald Grinstein）以及六十七歲的哈里·史通塞佛

（Harry Stonecipher）分別擔任美國達美航空（Delta Airlines）以及波音（Boeing）公司的執行長。但是，這些高齡執行長通常不會任職太久，大都在兩、三年內就會找到適當的接班人。無可否認的，我國大型企業領導人的退休年齡與接班年齡都比較高，這對於企業的創意、動力究竟有什麼影響，值得我們思考。

企業領袖的性別

本書前一篇文章以美國惠普公司新任總裁菲奧莉納才四十四歲爲例，說明我國中大型企業領導人在接班時的年紀可以更年輕些。菲奧莉納也是第一位女性出任這麼大規模的企業領導職位，除了菲奧莉納之外，雅芳（Avon）、電子灣（eBay）、全錄（Xerox）以及朗訊（Lucent）等知名國際大公司，現在的CEO也都是女性。事實上，女性出任企業領袖以及政治領袖的可能性已經愈來愈高。

女性生涯發展受到傳統社會的束縛

在傳統以男性爲主的社會，女性在生涯發展過程中受到的社會束縛遠高於男性，出任企業或政府要職的確不容易，還需要其他許多方面的支援與配合才有可能。就以家庭責任的配合來說，忙碌的男性領袖，很可能有賢慧的妻子全職在家，讓他無後顧之憂。女性領袖大概就很難擁有先生全職的配合了。所以，女性領袖處在單身狀態或沒有養育小孩的比率，似乎比男性領袖高。以總統陳水扁的內閣爲例，位處部長級的女性，如葉菊蘭、陳菊、蔡英文、陳郁秀，以及副總統呂秀蓮都是單身女性，這究竟是偶然還是必然呢？

菲奧莉納與其夫婿原本都在美國電話電報公司（AT&T）工作，但是她的夫婿認爲菲奧莉納更有機會成爲大公司的總裁，所以辭去工作，專職在家擔任「家庭主夫」，照顧妻小。就這一點而言，台灣的男人可能還很難做到，以至於阻礙了太太的大好前程。但無可否認的，企業可以用更多的心來支援女性員工。例如，企業可以提供托兒所、幼稚園之類養育小孩的服務；在一定的條件下，也應能容許員工帶小孩上班。

相較於亞洲其他地區如日本、韓國、東南亞等國，我國企業社會在給女性發展機會方面，算是比較好的了。有些公司如台灣花旗銀行，女性主管遠多於男性主管，不過，花旗銀行駐台的三位最高主管卻都是男性，可見女性要爬到企業最高主管職位的確不容易。前幾年，《亞洲華爾街日報》曾在一篇文章中，舉台灣康柏電腦的負責人何薇玲爲例，認爲台灣資訊業之所以如此成功，與女性比較受重視有關。《華爾街日報》的論點是，企業若是能夠容納女性，反映出比較多元開放異質的企業文化，而資訊業正需要這種特質文化。康柏在併入惠普之後，何薇玲出任台灣惠普公司的董事長，加上台灣微軟以及台灣英特爾的總經理正好也都是女性，也算是台灣企業界一個特殊的現象吧？

溫和貼心的領導風格是未來管理趨勢

按理說，企業經營強調能力，而不是性別，因此，男性或女性擔任領導人並不值得特別強調。然而社會傳統的性別定位，硬是把一些具有領導才能的女性局限在家庭或中基層職位上，對許多女性而言，的確很不公平。但研究指出，女性的領導方式通常比較溫和貼心，而這種領導風格正是未來的管理趨勢。面對二十一世紀，我們可以預期將有愈來愈多的女性出任領導要職。

根據二〇〇三年的一項調查顯示，美國前五百大企業，女性ＣＥＯ的公司年平均股價增加比其他公司高出百分之十六。我們無法判斷，這究竟是女性比較優秀，還是能夠在男性社會當上企業領袖的女性格外優秀，但是，至少女性ＣＥＯ所表現出來的成績的確亮麗。

我們常說：「成功的男人背後都有一位偉大的女性。」希望有一天，我們社會也能很自然地表達出：「成功的女人背後都有一位偉大的男性。」

企業領袖的國際化

一九九九年七月，花旗銀行台灣分公司的消費金融部負責人，首度由一位土生土長的台灣人徐錦松出任，國人咸以爲榮。在早期，絕大部分外商在地的負責人都由總公司派遣駐外人員擔任，少有國人出任。隨著我國經濟的發展，管理人才也日益增加。基於降低人事成本以及提升員工士氣的考慮，台灣人出任外商在台分公司的負責人，已經不足爲奇了。然而，外商在我國經營的策略是人才本土化，我國企業在國際化的過程中，人才是否應該國際化呢？

能接受外國人擔任企業領袖才算眞正國際化

這裡所謂的人才國際化有兩個層面的意義：第一，我國企業在國外分公司的負責人是否能由當地人出任；第二，我國企業總公司的高階主管甚至領導人，是否有可能由非華裔的外國人擔任。關於第一個層面，相信並不困難，隨著企業國際化的腳步逐漸邁開，我國企業的國外分公司負責人也將會有愈來愈多的當地人出任。但是，第二個層面則須突破某些心理障礙。用具體的例子來說，令人尊敬的台積電、宏碁集團等，有沒有可能由具有管理國際級企業長才的外國專業經理人來接替張忠謀、施振榮的職位呢？假定有這個可能，我國企業才算得上眞正的國際化。

事實上，在宏碁國際化的歷程中，曾經請在美國ＩＢＭ擔任過要職的劉英武任總經理；張忠謀在美國德州儀器公司擔任過副總裁，台積電原任總經理是美國人。在資訊電子業內，高階主管都有相當豐富的國際經驗，由外籍人士擔任企業高階主管雖然不多，也不是不可得。然而，台灣本土企業有沒有可能由非華裔外籍人士出任最高領導人（董事長或總經理）呢？以台灣企業國際化的程度來看，目前的機率並不高。

勇於接納全球的優秀領導人才，企業才能國際化

暫且撇開法令問題不論，假定我國企業的領導人只能由台灣人出任，那麼台灣企業在人才選擇的競爭力上，已經是先天不足了。以台灣區區兩千萬人口，我們怎麼可能產生足夠的國際級企業領導人，與歐美的國際級企業競爭呢？美國雖然已經擁有近三億的人口，卻還拚命地接納世界各地的優秀人才，成為他們的企業領袖。前花旗銀行的總裁李德（John Reed）原本是委內瑞拉人、英特爾董事長葛洛夫是匈牙利移民、幾年前過世的前可口可樂總裁是古巴移民、德意志銀行的執行長是瑞典人……。歐美國際級公司的負責人由非母國人士出任，雖不多見，卻也不算特殊。

受限於法令環境、歷史背景、公司培養人才歷程等等因素，除了少數企業如遠傳電信以及台北一○一購物中心，其總經理是外籍人士之外，我國企業領袖大概還很難由非華裔專業經理人擔任。事實上，就算真有國際級專業經理人入主台灣的本土企業，究竟能發揮多少功效，也頗值得懷疑。但是，若是真有這麼一天，國人應該更加引以為榮，因為，這表示台灣不但可以突破省籍情結的局限，更突破了民族情結的局限。

企業領袖的知名度

有甲、乙兩人，甲在他專業領域廣爲人敬重，但一般人則對他一無所知；乙則相反，具有廣泛的知名度，但他在專業領域上所受到的肯定卻是不過爾爾。請問，你喜歡做哪種人呢？

企業領袖不應追逐華而不實的知名度

這個問題與管理常討論的「二十／八十原則」類似。假定專業領域的人口占總人口的百分之二十，其餘的人口占百分之八十，前面所問的問題就是你究竟要在意那比較重要的百分之二十人口呢？還是要在意那比較不重要的百分之八十？我想，答案應該很清楚，如果能夠得到所有的人的肯定當然是最好，否則的話，我們應該選擇那重要的百分之二十。華碩電腦的施崇棠以及廣達電腦的林百里現在雖然有很高的知名度，但他們過去的作風，顯然是選擇要做類似甲的人。事實上，台灣有很多的殷實企業經營者，雖然沒有很高的知名度，卻受到同業高度的肯定，這些人都可說是類似甲的人。然而，名與利一樣誘惑人，企業經營者在逐利的過程中，常常不經意地成爲乙類的人。

由於商業活動日趨重要，擁有高知名度的企業人士也愈來愈多，但他們所受到的肯定究竟有如甲呢？還是有如乙？無庸置疑的，這些高知名度的企業家的確有不少是實至名歸，值得百分之百的全民敬重，但是名過於實，並不被他們自己同業所認同的人，似乎也不在少數。近年來，有好幾位知名企業人士，撐不住他們所吹起的企業泡沫，傷害到許多企業以及投資大衆。在泡沫還沒破的時候，他們是媒體爭相報導的對象、是黨政要員的寵友，甚至是一般大衆學習仰慕的標竿。但是當泡沫吹破時，他們的風光卻在一瞬間煙消雲散，這樣的風光又有什麼意義呢？

不患人之不己知，患其不能也

然而，當甲看到乙風光時，他心裡會怎麼想呢？他很可能會認爲自己應該比乙擁有更高的知名度，於是，他可能開始去追逐比乙高的知名度。問題是，要扮演甲或扮演乙所需要的努力方向可能不同。作爲甲，他可能不需要花心力在形象包裝與媒體關係上；作爲乙，他需要多花些時間在一般性的形象包裝。在追逐知名度的過程中，一個本來受到同業敬重的企業經營者，一不小心，就可能從甲類人轉變成乙類人。

知名評論家南方朔認爲現在社會出現一個「沒有祖先的新貴族階級」，這些新貴族對於「立名」的渴望遠遠超過古人對「立德、立言、立功」的期許。許多企業領袖未必有良好的家世，原本並不屬於貴族階級，他們對「立名」的欲求的確也會比較強烈。就好像《莊子・人間世》說的：「名實者，聖人之所不能勝也，而況若乎！」聖人都很難克服名實的欲念，又何況競日逐利的商人呢？

現在流行企業要專注本業的說法，一般人總認爲專注本業的意義是專注在相關的事業經營。但是，專注本業另一個重要的意義是要經營者專注在經營這項工作上，而不要去追逐華而不實的知名度。當經營發生問題時，再多的黨政關係、再高的知名度，都將於事無補。孔子說：「不患人之不己知，患其不能也。」對企業經營者的啓示，不也是要他們寧可選擇做甲類，而不要做乙類的企業經營者嗎？

企業領袖的辦公室

企業在辦公室的空間分配，不僅是資源效率的問題，也是權力地位關係的反映。由於企業領袖是企業內最有權力地位的人，他們通常都在企業總部裡，獨自享有一間空間既大景觀又好的辦公室。但從經濟效率的角度看，絕大部分的企業所分配給領導人的辦公室，都是過大、過好。

資源應該分配給最能發揮資源效益的人才是，因此，辦公室中最好的位置應該給最能發揮辦公室效益的員工使用。例如，研發或企畫人員必須常常在辦公室內安靜思考，他們可能比企業領導人更需要理想的辦公空間。領導人大部分的時間是在辦公室外溝通協調、建立關係等等，實際待在自己辦公室的時間，實在很有限。因此，企業領袖占用最好的辦公室空間，實在有點暴殄天物。退一步來說，就算企業領袖的辦公室小一點或差一點，大概也不至於降低領導人的績效。

長官占用華麗氣派的辦公室有違效率原則

政府部門比民間企業更不講效率，長官的辦公室一間比一間大，有些部門在中南部各設有分支機構，通常也會保留一間相當大的辦公室，給經年在台北的長官偶爾巡查地方時使用。那些辦公室眞可以稱得上是「養室千日，用在一朝」，平常只能養養蚊子罷了。據了解，地方政府雖然天天哭窮，他們在首長辦公室的使用上，可是一點都不窮。或許有人會說企業最高主管常常要接待貴賓，需要一間像樣的辦公室接待客人。企業領袖也常常需要獨立、不受打擾的辦公室與他人討論一些重要或敏感的事宜，但是企業可以另外增設有格調的貴賓室或會議室，讓最高主管以及其他員工都有使用的機會，不是更能發揮企業總部的使用績效嗎？

透過平民化的辦公室來拉近與員工的距離

對於絕大部分的領導人而言，擁有一間華麗氣派的辦公室，似乎才能彰顯領導人的權威與能力。英特爾公司爲了強調平等文化，董事長葛洛夫與一般員工一樣，並沒有獨立的隔間辦公室，似乎也無損葛洛夫的權威。可見，企業領袖的權威應該來自企業的制度規範、個人的德行與能力，而不是寄託在辦公室的大小好壞之上。

企業領袖最重要的工作之一是激勵部屬，讓員工心悅誠服地爲公司努力。我並不反對企業領袖擁有一間獨立的辦公室，但是，企業領袖若是能夠使用一間比較平民化的辦公室，拉近與員工的距離，藉以激勵員工的向心力與生產力，應當更能贏得尊敬。事實上，目前有愈來愈多的企業辦公室採取開放空間設計，企業高階主管與一般員工都使用沒有密閉隔間的辦公室，其目的在增加員工與主管之間的互動與溝通，拉近主管與員工的距離，我國企業是否也應該就此議題思考一下呢？

企業領袖需要教練

在這個知識經濟的時代，經驗能力都可能迅速折舊，我們必須不斷學習才跟得上時代，迎接挑戰。但一個人能否迅速有效地學習，要看他是否有良師益友的指導與協助。國家領袖需要國師，企業領袖自不例外，需要有好的教練。

好教練可從旁協助企業領袖改善管理能力

在一般人的觀念裡，企業領袖通常都是高人一等的贏家，應該是指導別人的強人，怎麼會需要教練的指導呢？其實，即使是世界第一名的網球、高爾夫球或其他運動的明星，他們仍都需要專業的教練持續地指導，使他們能夠精益求精，維持卓越的競爭力。同樣的道理，即使是卓然有成、令人佩服的企業領袖，也還是需要教練從旁協助，改善他們領導與管理的能力。

高處不勝寒，企業領袖站在愈高的位置，所面對的挑戰也愈艱巨，尤其是他們所面對的困難常是未曾經驗過的，也因此更有學習的必要。基於此，企業領袖比部屬還需要教練的指導協助。但是，企業內部的員工可能過於雷同，可能沒有特殊的想法或經驗，可能不敢對長官說眞話，所以，企業領袖並不容易從企業內部員工中學習。由於教練不是企業內部員工，可以提供企業領袖截然不同的觀點與立場，所謂旁觀者清，好的教練就是要以一個旁觀者的立場，協助企業領袖。

遵循四原則，可幫高階主管找到好教練

許多國際知名企業都會替他們的高階主管聘請教練，來改善高階主管的領導與管理能力。我國企業似乎還沒有這個風氣，但我相信，如果我國的企業領袖要把企業帶往國際舞台，聘請教練改善高階主管的領導管理能力，將是必經之路。現在正流行公司治理的話題，如果公司董事會很介意公司高階經營團隊的能力，那就要認眞考慮替公司高階主管聘請教

練。

企業領袖究竟需要什麼樣的教練呢?他可以遵循以下四個原則去找好教練:

一、好教練首要的工作就是建立客戶對他的信任,但這種信任關係需要時間建立,此外,企業領袖也可以透過一些管道,查證教練的品德與能力。

二、教練必須是擅長傾聽的人,因爲企業領袖常常是孤獨的,他們需要傾吐的對象。所以,好教練要能傾聽,並從中體會企業領袖的心意。

三、教練要有一定的企業經驗與人情練達,適時依勢指導企業領袖。

四、好教練只能從旁協助企業領袖改善其管理技能,但絕不能代替企業領袖做企業決策。這就好像運動教練與運動員之間,不論信任關係有多強,教練還是不能親自替運動員比賽。

任何企業領袖如果願意認眞的聘請教練,就表示這位企業領袖願意眞誠地面對自己、改善自己,這才是企業領袖能否精益求精更上一層樓的關鍵。

群龍無首有何不可

二〇〇〇年入冬之後，宏碁電腦因爲業績不理想，進行了一些重大的變革。宏碁集團董事長施振榮曾公開承認，他在幾年前所提出的「群龍無首」的計畫，因爲授權太多、太快，使得宏碁過度分權而缺乏整體策略與方向，導致集團陷入經營困境。所以，施振榮一方面感慨自己是全世界資訊界中任期最久的ＣＥＯ，另一方面卻不得不積極地介入宏碁的再造計畫，而施振榮幾年來口口聲聲宣稱要在六十歲退休的打算，也很可能要爲之延期了。這樣的結果，眞是因爲「群龍無首」的計畫所造成的嗎？

「群龍無首」的績效不彰，問題癥結出在執行

在施振榮的理想下，群龍無首指的是公司有許多優秀的「龍」（施振榮以降的第二代領導者），這些領導者可以各自發揮其長才，無須接受更高的「首」（施振榮）指揮。在這樣的理想下，施振榮就好比是本尊，而其麾下的主要領導者都是分身，整個宏碁集團可以有好幾個施振榮，這對公司的發展當然是好的。這樣的理想令人感動，也很符合強調授權的現代管理理念，事實上，正因爲施振榮有過人的氣度，才能提出這樣的理想。那爲什麼會造成宏碁績效不彰呢？我想問題的根本不在於理想，而在於執行，其中最難克服的執行問題就是自發式的協調整合。

在大型企業集團內，各子公司領導人除了要遵守市場競爭原則之外，更要知道相互協調整合，否則就不必同屬一個集團了。對於一般人而言，協調整合已經是高難度工作，對於自信滿滿的企業領導人而言，與其他領導人協調整合更是難上加難。當各公司的領導人還不夠成熟時，集團就下放給他們太多的權力，讓他們群龍無首，產生各據山頭、各自爲政的現象，進而產生資源重複浪費、策略方向不明等重大問題，毋寧是可以預見的結果。宏碁後來把集團主要事業一分爲三：緯創公司承接原有的代工事業；宏碁科技握有宏碁品牌以及通

路；明碁則在李焜耀的領軍下，走入通信與顯示器事業並另創品牌，就是要解決難以處理的協調整合問題。

莫讓群龍無首成爲群蛇無首

對於宏碁這麼大的一個集團企業而言，在走向國際第一流企業的路途上，的確是備嘗艱辛。群龍無首並沒有錯，但是當龍尙未成熟時，群龍無首就可能成爲群蛇無首，所幸施振榮能夠快速調整步調，整軍之後的宏碁集團戰鬥力更爲堅強。回顧台灣二十多年高科技電子業的發展歷程，宏碁集團培養出最多的領袖人才，也發展出最多的新事業，可見，群龍無首的基本策略值得肯定。

如何建立領導團隊？

人是崇拜英雄的動物，往往高估了企業領導人對一家成功企業的貢獻。事實上，一個卓越或有魅力的領導人並不足以使企業卓越，卓越的領導團隊才是企業足以卓越的主要原因。因此，企業領導人的首要工作在建立卓越的領導團隊，而不是彰顯個人魅力。眞正有心經營企業的人，應該多注意成功企業如何建立他們的領導團隊，而不是去讀一大堆有關成功企業領導人的報導。

建立領導團隊的具體作法

在具體作法上，企業負責人必須先對建立領導班子有堅定的承諾。首先，他要選定高階管理團隊（Top Management Team，TMT），組成的成員應該包括公司最核心最重要的幹部。其次，這個TMT應該每月至少兩次定期的舉行經營會議，公司最重要的決策都應該透過TMT會議舉行。企業負責人可以透過這個TMT會議更了解重要幹部的經營能力，藉此發展領導人才的接班計畫。第三，TMT會議也應該是高階主管的學習平台，TMT會議可以邀請一些專家學者來做專題演講或討論會，也可以進行一些讀書會或管理心得分享的交流。最後，企業在進行員工績效評估時，一定要把團隊合作態度列入重要的考核指標。

領導團隊的三個方向、四項工作

根據《麥肯錫季刊》（*Mckinsey Quarterly*）的一項研究指出，TMT應該在三個方向有卓越的表現：第一，成員應該建立起共同努力的方向，成員彼此要擁有相容的目標與價值觀。其次，成員間要有良好的信任基礎以及溝通互動技巧；第三，成員要能夠因應變革所需，不斷地學習與成長。爲了在這三個方向上有卓越的表現，TMT應該做好下列四項工作：

一、集中精力在少數重要的工作項目。ＴＭＴ應該很清楚地知道哪些工作是只有他們可以做的，哪些工作應該可以讓部屬做，然後集中力量在這些工作上。例如，策略擬定、績效管理、培養高階領導人才等工作，就是ＴＭＴ最重要的工作。

二、不斷追求更高的滿意度。許多ＴＭＴ的成員很容易自滿自信地沈醉在他們的地位與權力之中，而喪失追求卓越的戰鬥意志。ＴＭＴ要勇敢地面對競爭威脅與挑戰，善用外在力量進行自我檢討。例如，利用產業的最佳實例（best practices）進行標竿學習。誠如《從Ａ到Ａ＋》一書所指出，優秀是卓越的最大敵人，許多企業有些不錯的成就，很容易因爲自滿而無法成爲卓越的企業。ＴＭＴ不能畫地自限，必須不斷地追求更高的滿意度。

三、建立團隊主導能力。雖然ＴＭＴ有時需要外界顧問的協助，但是，ＴＭＴ要清楚地了解，顧問只是協助團隊的觸媒劑，而非主導者。天助自助者，ＴＭＴ在提升自我能力與績效的過程，絕不能假外人之手，必須透過團隊成員彼此間的對話、學習、檢討，才能成爲有效的領導團隊。

四、倡導探索與反省態度。企業可以說一直處在一個「行動—探索—反省」的循環軌跡之中。TMT的任何決策或行動也應該如此。團隊成員要探索、反省團隊的各種現象與行爲，如此，團隊與企業才能持續進步。

企業除了建立最高領導團隊之外，也可以運用建立TMT的基本原則建立中階管理團隊（Middle Management Team，MMT）。只要有系統、有恆心地去做，企業自然就能培養出源源不絕的優秀幹部，而成爲具有長期競爭力的企業。

管理十要

面對蕪雜凌亂的管理理論，經理人既沒有時間也沒有精力好好地消化它們。基於此，我整理出管理的十個要點口訣，供大家參考。管理知能的學習與進步，沒有速食麵可吃，也沒有食譜可看，最終還是要看個人的修行與造化。但我相信，這裡提供的「管理十要」足供管理者一再咀嚼思考。

一、管理要有模有樣

管理不是請客吃飯，不能隨心所欲。管理要求我們講求紀律，遵循規範。ISO 9000之類的品保活動就是訓練紀律的活動。事實上，十之八九的管理工作都屬於無趣的例行工作，管理者要有紀律才有可能忍受管理的無趣。現在流行人性化管理，其實，人性常常是好逸惡勞，管理雖應了解人性，但又豈能完全尊重人性呢？

二、管理要有遠有近

管理必須根據時間遠近而訂有長期、中期、短期目標。通常我們要同時執行多個目標，這些目標甚至可能相互衝突。因此，管理者要擬定目標的優先次序，同時要針對目標訂定具體的衡量指標。切記！指標不等於目標，不要爲了指標而忘了目標。如果目標再加上理想與價值觀，就是願景。

三、管理要有因有果

目標是果，手段是因。管理要不斷地追求更高的因果效益比。懂管理的人不但要問耕耘，更要問收穫。目前有許多的分析方法，如財務報表分析、資訊管理系統等，其功能無非都是追求更高的因果效益比。若是知道因果效益分析，管理者就知道如何聰明的工作，而不是拚命努力的工作。

四、管理要有得有失

天下沒有白吃的午餐，所有事都是有得有失，因此，管理要知道計算機會成本。得失權衡最重要的評估方法就是「二十／八十原則」，即用百分之八十的資源去管理百分之二十的事務或顧客。權衡還包括長期或短期、集中或分散、全面或片面、系統或組件、事業或家庭等問題。管理者要勇於割捨，才能集中力量，達成主要目標。

五、管理要有虛有實

管理者不可能樣樣行、樣樣通。管理要知道運用自己的實力與他人合作，彌補自己之所虛。策略聯盟或網路組織就是一種有虛有實的組織方式。虛實拿捏得好，可以以小博大、以無通有。要做好這一點，管理者必須樂於與人分享，同時發展自己的比較相對利益。

六、管理要有軟有硬

計畫不如變化，管理者對願景的承諾要堅定，對執行的方法要有彈性、知變通。堅定是硬，彈性是軟。硬也可以代表實質的管理場域與工具，軟則代表管理的方法與系統。管理者要軟硬兼顧，不可偏廢。

七、管理要有破有立

「破」是指管理者要具有批判與思考的能力，「立」則是指管理者要具有創造與執行的能力。在資訊發達的時代，知識可以便宜地取得，因此，在未來的管理領域中，知識未必具有競爭優勢，創造力與執行力才是制勝的關鍵。管理者要能分辨知識的價值，創造創造力，執行執行力。

八、管理要有血有淚

當我們一再學習管理知能的時候，不要忘了管理是以人爲核心的工作，有人管人，有人被管。這裡有悲歡離合、有愛恨情仇、有幽暗聖潔。管理者要面對自己以及他人的人性，要有血有淚、有光有熱，以設身處地的方式，呈現對他人的關懷。

九、管理要有爲有守

企業是服務人類的工具，追求利潤只是企業生存的手段。許多管理者錯置了手段與目標，把逐利當成首要或唯一的目標，因此，常有不合倫理的行爲。管理者應該努力地把公正、誠信、誠篤、尊嚴、歡樂融入工作的領域中，讓自己以及企業受人敬重。

十、管理要有我有他

我是誰？我爲什麼要做個管理者？通過我，可以了解他；透過他，才能呈現我。這裡所列出來的十點原則，管理者未必能夠面面俱到，管理者必須了解自己的優缺點與性格偏好，透過與他人的合作與對話，發揮自己的優勢，彌補自己的弱勢。唯有透過不斷的反省深思，尋找自我認同，管理者才有卓越的可能。

二、企業定位

企業思故企業在

十七世紀的法國哲學家笛卡兒（René Descartes）有句名言：「我思故我在。」笛卡兒主張「我」的存在，是因爲我有思考、懷疑、理解、肯定、否定等認知活動，而不是因爲我有個能吃、能動的肉體。假定我發生意外，失去了一隻手或一隻腳，但我還是我，因爲我還能像從前一樣地思考，儘管我的肉體不能像以前一般的行動了。所以，我的存在是因爲我能思考。

唯一不能外包的工作就是企業的思考

在這個虛擬與網路化的時代，笛卡兒的理論對企業具有同樣的啓示。企業能否永續經營，不是因爲企業有什麼部門、長得像什麼，也不是因爲企業能做什麼事，而是企業能思考。

因爲資訊科技的影響，外包（outsourcing）蔚然成風，許多原本是企業必要的功能，都可以透過策略聯盟或交給專業分工企業完成，不須自行完成。舉例來說，企業的例行管理事務如人事、財務都可以全面外包；企業的直線工作如生產甚至研發，也都可以外包，電子專業代工（EMS）就是在這樣的背景下產生，台灣的鴻海精密也因此成爲世界最大的EMS公司。印度也是因爲代工理念的盛行，而成爲世界資訊軟體開發的代工中心。

企業經營者不免要問，究竟還有什麼不能外包的呢？當我把所有的企業工作都外包之後，我的企業還能稱得上企業嗎？究竟企業有沒有什麼基本的工作是不能外包的？我想，企業唯一不能外包的工作就是企業的思考。企業要不斷地偵測經營環境、思考未來的走向、理解組織的效能……等。藉由這些思考的工作，企業才能找到自己的方向定位。所以說，企業思故企業在。

讓企業成爲思考型企業

百年老店「全聚德」一直在賣北京烤鴨；美國奇異公司剛成立時，不過是一家賣電燈泡的小公司，現在則是世界最大、產品線最廣的公司。很顯然的，企業之所以繼續爲企業，不在於它產品的變或不變，而在於它能否繼續生存。無論企業是否要改變產品、定位，都需要經過一些思考分析的過程，企業雖然可以請顧問公司給予意見，但最後的思考、決策與風險承擔仍落在企業自身，不可能外包。所以說，企業思故企業在。

現在流行學習型組織的理論，其實，自有企業以來就有企業學習。如果企業不會學習，就不知道適應環境，也不會知道傳承工作。美國奇異公司的前任執行長傑克·威爾許則要該公司成爲一個教導型組織，他認爲一個企業不能每個人都在學習，卻沒有人教導，所以奇異公司的每個高階主管都要能夠教導。不論是學習或是教導，其實都要經過思考認知的過程。在「企業思故企業在」的闡釋下，或許應該讓我們的組織成爲「思考型組織」，才更貼切現實。

企業的先天條件

先天體質優良的寶寶，需要健康的父母以及良好的懷孕過程。有優良的先天體質，就有後天的成長優勢。同樣的道理，企業若有優良的先天體質，日後就有較強的競爭優勢。企業的先天體質是指企業在正式成立之前，所擁有的各種條件。這些先天條件很多，但有三樣特別重要，分別是：企業定位、初始資金以及創業者（可能是幾個人）的個人條件。

其中，有關創業者的個人條件包括對企業核心技術的掌握、管理技能的純熟、個性、經驗、決心、人脈等。創業者應就自己的長處、優勢，尋找有利的創業方向。受限於篇幅，此處不多贅述。

企業定位就是企業要靠什麼爲生

企業定位指的是企業究竟要賣什麼產品？市場顧客在哪裡？這些人爲什麼要這樣產品？要怎麼收費？利潤是多少？簡單地說，企業定位就是企業要靠什麼爲生。乍看之下，企業定位是很容易的事，實際上卻不那麼容易。舉例來說，有人想要開一家餐廳，這家餐廳的定位似乎很清楚——賣餐飲給客人吃。但進一步問，餐飲有很多類，究竟是賣中餐還是西餐呢？中餐的話，究竟是北方館還是廣東館呢？想要吸引哪一類的客人？高價位還是低價位？爲什麼這類客人要到這家餐廳吃，而不去其他餐廳呢？預計每月的收入有多少？利潤又有多少呢？

企業定位愈清楚，愈容易針對其定位進行市場行銷活動，也愈容易設計營運的相關配套措施。例如，走高價位路線的餐廳飯店，就必須格外注意服務生的素質與訓練。這些基本問題在創業之前分析得愈清楚，創業成功的機會愈大。

尋求有附加價值的創業資金

在定位淸楚之後，創業者需要一開始的創業資金。就一般企業而言，創業的資金應該能容許企業支撐一年以上。換句話說，企業成立後一年內無法達成損益平衡並不爲過，但企業必須在一年之內拿到具體客觀的數據，證明這個企業的定位是正確的，以便募集更多的資金，開創下一階段的發展機會。創業者必須在這樣的基礎下，尋找企業的啓動資金。

表面上看，錢應該是不長眼睛，沒有主人的差別，事實上，創業者的資金從何而來有很不一樣的意義。同樣的一筆錢，有的人出了錢之後，什麼都不管，有的人還可以帶來很多其他資源。創業者應該尋求有附加價值的資金，也就是說，金主除了提供資金之外，最好還能提供其他價值，如技術、人脈、管理技能等。許多人投資會注意既有的投資者是誰，企業找到好的投資者，也會吸引到更多的投資者。許多人會說，我就是缺錢，又哪有選擇的權力呢？其實，創業者固然要資金，但資金也需要好的投資機會，創業者若有好的企業定位與計畫，自然可以找到好的資金，若因爲缺錢而有奶就是娘，就可能種下先天不良的基因。

企業都要B2B與B2C

前幾年，在網路企業林立的風潮下，人人都琅琅上口B2B（Business to Business，企業對企業）、B2C（Business to Consumers，企業對消費者），當時在美國最好的企管碩士（MBA）畢業生，想找的工作也以B2B或B2C網路企業爲主。B2B指的是從事企業與企業之間交易活動的網路公司，例如，第一商務（Commerce One）是一家提供企業競標採購服務的網路公司。B2C則是提供一般消費者商品服務的網路公司，最有名的大概就是亞馬遜網路書店（Amazon.com）這家以網路上賣書爲主的公司了。

網路風雲不再後，優秀的MBA之出路，又回到過去以金融、管理顧問爲主。所以，有人戲稱B2B爲Back to Banking（回歸金融業），B2C爲Back to Consulting（回歸顧問業）。姑且不論MBA出路議題，B2B或B2C有個更適切的意義，在此與讀者分享。所謂B2B就是Back to Basics（回歸基本面），B2C就是Back to Customers（回歸顧客面）。在這個定義下，任何企業都必須做好B2B以及B2C。

B2B就是回歸企業獲利的基本面

幾千年來人類商業活動發展，已經有一套成熟的商業邏輯，無論科技、環境怎麼變化，都必須遵守這些基本商業邏輯。最主要的商業邏輯，就是企業必須獲利才能延續生命，而利潤的產生脫離不了市場供需定律。爲了維持長期的生存，除了獲利之外，企業也必須謹守一定的管理程序。人們就算可以在短期之內脫離這些商業邏輯的規範，但長期是不可能的，因此，所有成功企業的成就都不是偶然的，一定經歷過非常艱辛的奮鬥過程。所謂回歸基本面（B2B），就是要我們謹守這些商業邏輯，不要妄想走捷徑、抄短線。在前幾年的網路瘋狂期，那些網路企業的經營者常常是一群毫無商業經驗的年輕小夥子，他們在意的是上網人數、燒錢速度等指標，卻毫不在意企業的獲利可能，終而導致網路企業暴起暴落，這也是必然的結果。

B2C在回歸顧客導向

沒有顧客就沒有營收，企業就不能生存。因此，企業的價值在於是否能滿足顧客的需求。在農業時代，農民通常只會依據往年的經驗，自顧自地種植他們所熟悉的作物，收成時拿到市場去賣，從不考慮顧客在哪裡以及顧客需求的問題。但在商業時代，任何企業都必須靠顧客才有營收，顧客可說是企業的衣食父母。任何的企業策略討論，一定先談企業的市場定位，事實上就是潛在顧客的分析。企業的商業模式或經營模式，所說的無非就是企業如何從顧客中獲取營收，這些營收是否能夠擠出足夠的利潤。因此，回歸顧客面（B2C），了解顧客究竟需要什麼，是企業發展第一步驟，也是第一要務。

雖說網路企業B2B與B2C的瘋狂燒錢時代已經成爲歷史，但是Back to Basics 與Back to Customers 的B2B與B2C，則是永遠不變的商業原則，沒有一家企業可以忽視不顧。

企業多角化的發展策略

近年來，許多傳統產業的股市價值低於淨值，政府相關單位以及業界都對此現象感到憂心忡忡。其實，偏低的股價只是反映市場對於傳統產業的前景並不樂觀。從經營的角度來看，傳統產業固然要努力改善本業營運效能，但更重要的是企業應該多角化或轉型到更具獲利能力的產業，提升企業價值。然而，企業不能爲了多角化而多角化，必須有良好的策略以增加勝算。

國內多角化經營失敗比率偏高

企業多角化在歐美已有半世紀之久，指的是企業進入一個與原先經營產業（或行業）不同的產品市場。隨著我國企業規模日漸增大，企業多角化逐漸形成風氣，許多企業並以多角化作爲企業擴張的策略。但在諸多國內多角化的案例中，失敗的比率十分高，而失敗的代價經常是損失慘重，更甚者危及本業，使得整個企業落入破產、重整的悲慘遭遇，因此我們有必要深入探討多角化的策略與執行。於此，我們從三個角度來探討企業多角化，分別是：爲什麼要多角化（Why）？多角化到什麼程度（What）？如何去多角化（How）？

爲什麼要多角化？

企業多角化的主要原因有四：

一、分散風險：這個觀念是財務投資組合的觀念，也就是不要把所有的雞蛋放在同一個籃子中的概念。在不同的產業經營，企業可以分散風險，避免因爲單一產業的景氣枯榮，而影響到企業的存活。

二、增加價值：有些多角化可以增加企業的價值。價值的來源來自兩個部分：第一，企業可以善加利用現有資源，使資源產生綜效（synergy）與範疇經濟（economics of scope）。例如，統一超商利用既有通路，增加收水電費以及快遞服務。第二，企業也可以拓展到更有利的經營範圍，像是進入新興市場（emerging market）以重組範疇。例如，統一集團進入大陸經營方便麵市場。前者是透過槓桿作用（leverage），充分利用與結合現有資源，增加收益；而後者是進入富有潛力的市場，找尋新的收益來源。因此，多角化經營可以增加集團本身的價值。

三、經營者的私利：企業經營通常是從理性、經濟、利潤的角度考慮，但是企業由人經營，就免不了人的問題。就經營者利益而言，企業的事業愈多，經營範圍愈大，經營者就愈重要、愈有權力、愈過癮。因此，經營者企圖多角化也可能是私利的考慮。企業經營者以個人私利爲出發點並非壞事，重要的是，經營者的私利能否與企業的利益相結合，若能，則對企業仍是有助益的。

四、追求創新：在劇烈的競爭環境，企業不進則退，不成長就會衰退。企業本業會由成長而逐漸成熟，終至衰退。爲了避免企業式微，必須提升企業的活力，另闢其他的事業領域，以追求成長、創新。有些企業甚至鼓勵員工內部創業，就是基於這樣的考慮。此外，當企業有充裕的資金，自然也會思索進入更有獲利展望的行業。

多角化到什麼程度？——不可過度集中在單一事業，也不可過度多角化

由以上四個原因來看，適度的多角化可以增加企業的整體價值。然而多角化到什麼程度才算得上是適度呢？美國的許多實證研究證實，多角化程度與企業價值是呈現倒「U」型的關係，換言之，過度集中在單一事業與過度多角化都不好，而過度多角化的危險通常更大。主要的原因是，過度多角化使得公司經理人必須面對許多不熟悉的行業，且無法專注於這些事業，而導致管理不善。其次，多角化的評估過程以及營運的考量與財務考量同樣重要。一九七〇及一九八〇年代是美國企業多角化的顚峰時期，當經理人發現某個企業的淨值大於在股票市場的收購成本，即進行收購，而不太在意收購的標的企業所屬行業爲何。這種純財務考量的多角化使績效轉差，而導致一九九〇年代許多企業進行再集中（refocus）的作法，以降低多角化程度，例如奇異公司將旗下事業部縮小到三個事業群，下屬十四個事業部。而

在國內一九九八、一九九九年所爆發的幾個財務危機事件，幾乎危及國內的金融與資本市場，則是更惡質的財務槓桿遊戲，十分不可取。我國企業應以這些例子爲鑑，在多角化時，切忌只做單純的財務考量，而忽視營運的能力。

一般而言，多角化可區分爲相關多角化與非相關多角化。前者指進入與本業相關領域的多角化，例如太平洋建設進入房屋仲介業、中華汽車從貨車進入轎車的製造；而後者指的是企業進入與本業無關的領域中，例如宏璟建設進入ＩＣ封裝產業（日月光）、遠東紡織進入電信業（遠傳電信）等。證諸企業發展史，相關多角化的成功機會較大，也較能提升企業價值。因爲這種作法能使企業充分掌握範疇經濟，即新進入的事業能善用在資源上已有的優勢，例如品牌、技術、通路等。當然，也有些企業經由非相關多角化，而成功地進入高成長獲利的行業，爲自己開創了第二春。前面所舉日月光以及遠傳電信等都是成功的例子。因此，不論是相關或非相關多角化，多角化過程的詳細評估、發展策略的擬定周詳及組織管理能力，對多角化是否能成功才是眞正關鍵的因素。

如何多角化？

進行多角化之前，應詳細思考五個議題與九種組合策略。

根據《基業長青》（智庫出版）一書，企業永續經營的關鍵在於是否有願景。願景包含核心價值以及核心目的。所謂核心價值指的是企業永遠不變的基本價值觀。例如，有些企業堅持人性化管理，其原因並不是因爲人性化管理可以讓企業獲利更好，而是因爲企業相信人性尊嚴是不容挑戰的。因此，就算人性化管理會使得企業獲利能力降低，企業仍然堅持人性化管理。假如有企業是如此堅持，那麼人性尊嚴就是該企業的核心價值。

核心目的則是企業存在社會所能創造的價值或意義，而且是至少五十年、一百年不變的目標。在淸楚的企業核心目的下，企業在進行多角化之前，應該要詳細思考下列五個議題：

一、這個多角化投資是否符合我們的核心價值？

二、策略性資源能否有效轉移至新事業？

三、新事業的加入能否提升企業的競爭力？

四、企業可以由多角化的過程中學習到什麼？

五、新、舊事業的文化是否可以相融合？

在想清楚這五個問題之後，企業應該從市場與技術兩個面向，考量進入新事業的策略。企業可以依據技術與市場兩個面向的熟悉度，而各分成三個層次：本業（base）、新而熟悉的領域（new familiar），以及新但不熟悉的領域（new unfamiliar）。因此企業在考量多角化策略時，有九種（三×三）可能組合，而這九種組合各有比較適當的進入策略。下表就是企業進入新事業的策略矩陣圖。

產品技術面向／產品市場面向	本業	新且熟悉	新不熟悉
新不熟悉	合資企業	創投／學習性併購	創投／學習性併購
新且熟悉	內部發展／併購／合資	內部投資／併購／取得授權	創投／學習性併購
本業	內部本業發展／併購	內部產品發展／併購／取得授權	合資企業

註：學習性併購是企業藉著這個併購來了解學習該事業。

根據上表，如果企業對於新事業的市場面向屬於新且不熟悉領域，而技術面向屬於新且熟悉領域，那麼企業就應該採取創投或學習性併購的方式進入該事業。同樣的，我們可以從上表推出當企業處在其他位置時，所應該使用的進入策略。例如，日本伊勢丹百貨的產品技術本業是經營百貨，但對高雄市場不熟悉，所以與高雄大統集團合資成立大立伊勢丹百貨。

傳統產業如裕隆汽車對於高科技產業的技術與市場都不熟悉，所以用創投公司（台元創投）的方式進入。

在衡量單一產業所帶來的不確定性、公司資源的規模經濟、範疇經濟、綜效，以及組織成長等多方面因素後，企業多角化常常是不得不面對的策略選擇。然而企業即使僅經營單一事業，已須面對嚴苛的競爭，更何況是多角化所帶來的複雜情境。因此任何一個企業在進行多角化策略之前，必須對前述 Why、What、How 議題加以考量。衝動行事或盲目模仿其他企業，不但不會達到多角化的目的，甚至可能危及本業的延續。

（本文與中山大學企管系方至民教授共同發表於一九九九年十二月十四日的《經濟日報》）

多角化與風險管理

前文討論從企業定位的角度討論多角化的幾種原因，以及所應進行的策略與方式。本文要針對多角化的風險問題進一步論述。

假定A公司爲了分散風險而多角化，既然是分散風險，這一類的多角化多屬於非相關事業多角化，因此，A公司通常會有些賺錢的事業，也有些不賺錢的事業，賺錢的事業可以補貼不賺錢的事業。假定B公司固守本業，而其事業是A公司的賺錢事業，由於B公司不須補貼不賺錢的事業，該公司的獲利能力一定比較好，股價也會比較高，在其專注的事業上，競爭力自然也比較強。假以時日，A公司原本賺錢的事業也會在B公司的競爭下，失去競爭能力。但假定B公司專注於A公司不賺錢的事業，那B公司不就完蛋了嗎?就競爭的角度來看，由於B公司是專注本業，應該比較了解該行業的競爭利基，因此，B公司仍然比A公司更有機會讓不賺錢的事業起死回生。問題是，B公司是否氣夠長，在不賺錢的時候撐得住？解答這個問題的關鍵，是資金取得的成本。

非相關事業的多角化，是空間面的風險分散

在資本市場不夠發達、資訊流通不夠透明、專業分工不足的社會，多角化的A公司其實也扮演著資本與人才供給的調節角色。透過A公司的內部組織，A公司各事業可以取得比較低成本的資金與人才。中國大陸、印度都有許多新興集團企業，這些集團企業所從事的行業可說是南轅北轍，歐美國家早期也有很多涵蓋不同產業的大型集團企業，其道理在此。但在資本市場愈來愈成熟、資訊與專業分工愈來愈發達的現代社會，A公司的資本與人才供給角色會被市場取代，所以，A公司若是只從分散風險的角度進行多角化，而不評估產業之間的綜效，只會降低其競爭優勢。近年來，歐美國家許多大型企業進行所謂的集中化（refocus），可以證明。

其實，專注本業也可以說是一種分散風險策略，但這是時間面的風險分散，而非相關事

業多角化則是空間面的風險分散。專注本業的企業要用景氣風光時所獲取的資源，補貼不景氣的時候，專注晶圓代工的台積電就是一例。

從投資者的角度觀之，資本市場愈發達的社會，投資者愈容易透過投資組合分散風險，換言之，投資者自己會知道分散風險，企業並不需要替股東考慮分散風險。但是，我國的資本市場是否成熟到足以讓企業專注本業呢？究竟什麼是本業呢？專注本業的企業是否能獲得足夠的利潤與成長機會呢？這是下一篇文章要討論的問題。

專注事業或專注本業

近年來，國內外有許多過去顯赫一時的大財團相繼出了財務危機。許多專家認為其主要的原因是，轉投資失敗，不夠專注本業。所以，許多專家與高階企業主管認為，企業經營一定要專注本業，企業才能穩健成長。但是，究竟什麼是企業的本業呢？世界手機大廠諾基亞（Nokia）原本是紙業公司，與通信產業可說是八竿子打不著。與一般專家的意見剛好相反，諾基亞正是因為不專注本業，才獲得今天的成就。再以世界最受尊敬的奇異公司為例，其事業廣度遍及金融、醫療、能源、動力等，試問，奇異公司究竟是專注本業，還是沒有本業？所以，所謂專注本業的說法，值得進一步探討。

成功的企業在不死守本業

許多人對專注本業的看法是專注於自己所熟悉的行業，不要輕易涉足不熟悉的行業。以宏碁集團的發展爲例，假如宏碁一直只在自己所熟悉的行業發展，今天的宏碁應該還只是個人電腦組裝廠而已，又怎麼會擴展出這麼多不同的事業與公司呢？或許有人會說，宏碁一直專注在高科技電子業。事實上，高科技電子業是個很籠統的名詞，細分之下，各技術或產品之間的差別，遠比一般人所認知的還要大。個人電腦的組裝究竟比較接近自行車的組裝，還是比較接近晶圓代工呢？另一方面，如果公司永遠不敢涉足自己所不熟悉的行業，那麼就很可能失去最好的機會，專注本業反而會成爲失敗的重要原因。事實上，目前檯面上成功的集團企業，都是不斷地在轉型突破，他們所經營的事業內容比起十年、二十年前，相去何止千里，因此，他們的成功也正因爲能夠不守本業。事實上，許多企業之所以失敗，正因爲不知道創新轉型、死守本業所致。

企業經營所要面臨的變數實在太多，所謂的本業究竟是指產業、技術、地理環境或是經營團隊呢？例如，在中國大陸以生產行銷方便麵成功的頂新集團，因爲對中國大陸的經營環境十分熟悉，所以現在也開始在中國大陸從事金融、通路等事業。我們可以說頂新的本業並不是方便麵或食品業，而是「中國大陸經營業」。如果，我們局限本業在產業或技術面，那麼頂新應該在全世界行銷方便麵，而不是在中國擴張到其他行業。但以頂新的利基而言，頂新目前的擴張方式應該是正確的。我們能說，頂新不專注本業嗎？

經營者要專注事業，但未必要專注本業

當我們看到許多企業因爲轉投資失敗，我們又看到多少企業因爲死守自己原有產品、行業而失敗的呢？其實，所謂專注本業更正確的說法應該是專注事業，也就是專注在企業經營的基本面上。如果企業經營者不專注在事業的經營，卻熱中於公關、政治、作秀、包二奶等非關企業經營的事情，那麼這個企業將遠比其他企業更可能失敗。因爲，經營者不專心，部屬又有何誘因認眞經營呢？這幾年經營失敗的財團，絕大部分的經營者都沒有在認眞經營事業，卻想要透過政商關係、財務操作等方式快速獲得超額利潤，另一方面，他們又涉足政治、紅粉等場所太深，這才是他們失敗的眞正原因。企業經營的本質就是突破現狀、持續獲利成長，專注本業的思維容易令人迷思在既定的經營格局內，不知道突破現狀。因此，經營者要專注事業而非專注本業。

知所不選才是策略

經濟學有一個「自由丟棄」（free disposal）的理論，認爲我們多些選擇一定比少些選擇好，因爲，我們可以沒有成本的把多的選擇丟棄。但是，企業在面對過多的選擇時，有時反而比較不好，因爲，丟棄選擇並不是一件容易的事，若是沒丟好，或捨不得丟，就會種下日後的敗因。

絕大部分的策略理論都在教企業如何選擇經營的方向，也就是如何定位與選擇。當企業成長到一定規模具有一定聲望時，它所面臨的困難常常是可以選擇的商機太多，而非太少，此時，企業應該學習如何丟棄選擇。當企業把不好的選擇或商機丟棄後，好的選擇自然就會出現。企業要如何丟棄商機呢？我認爲可以依照下面五個標準：

一、避免跟風

許多經營者因爲害怕冒險而跟風。如果跟錯了，因爲大家都錯，經營者不會受到太多的責難，但是，如果沒跟上風頭而犯錯，那麼所受到的責難可非同小可。這就好像幾年前的網路公司熱一樣，每個人都害怕沒搭上車，造成一股狂熱，終至泡沫化收場。但是，策略就是定位，就是區隔，就是要與衆不同，如果跟著大家做同樣的事，就不能算是策略。所以，不要輕易選擇風潮行業。

二、有人才

策略貴在執行，無論機會再好，策略再對，若是沒有對的人執行都是枉然。人才就是IQ高、EQ高、韌性高並符合企業基本理念的人。許多企業認爲人才可以外求，IQ、EQ乃至於韌性高的人才或許可以外求，但要找到與企業經營理念相符的人才，卻非易事。所以，若是沒有適當的執行人才，企業不宜率爾操戈進入新的事業。

三、產生綜效

新的商機應該能與既有的事業產生綜效。綜效可能是上下游的整合，也可能是業務的相互配合。例如，汽車製造商基於業務的考慮而進入汽車代理業務，進而進入購車貸款服務，能夠帶給顧客更完整的服務，產生綜效。一旦產生綜效就可事半功倍，擴大企業的力量，沒法產生綜效的事業容易導致企業力量的分散，所以，企業不可選擇沒有綜效的事業。

四、門檻要高

若是別人容易模仿的事業，或是進入門檻低的事業，競爭自然比較激烈，獲利也就比較困難。因此，企業不宜選擇這一類的事業。例如，旅行社經營的門檻不高，導致台灣有好幾千家的旅行社，許多企業多角化到旅行社都不是很成功。但是，如果有企業願意花較大的資本，設立一家非常大規模的旅行社，就有可能以規模提高進入門檻，並形成競爭優勢。

五、提高效率

如果一時之間不知道要如何選擇新的機會，那麼企業最保險的方法，就是把現有的模式經營得更有效率。企業要不斷地問，如何能夠更有效率地經營現有業務？如何能夠讓業務營收的成長速度超過成本增加的速度？如何能夠提高資金運用的效率？美國沃爾瑪百貨的經營策略與凱瑪百貨（K-Mart）並無明顯不同，但沃爾瑪最後得以脫穎而出的關鍵，就在於經營效率。

當企業沒有太多選擇的機會時，反而能夠義無反顧地把事業經營好，當選擇多了，企業反而可能見異思遷，無法集中力量。能夠嚥下貪念，知所不選，才是懂得策略的企業。

企業與棄業

從字面上解釋企業的企字有兩個意義：一是站立；另一是企圖與企畫。企業要具有競爭的優勢，也就是要有站立的條件；同時，企業要有企圖心，能夠勾勒並執行向願景邁進的方法與步驟。「企」與「棄」同音，就此，企業的另一面重要意義就是要能夠「棄」業。

棄字也有兩個重要的意義：一是謹慎選擇新事業，放棄不切實際的妄想；另一個意義則是大膽放棄舊事業，讓企業轉型走向未來。這兩個意義配合著前段所闡釋的兩個意義，其實正是企業策略的根本道理。

不要盲目進入一些不該進入的行業

一九九九年十月，應宏碁集團邀請訪台的知名管理策略學者C. K. Parahalad主張，企業要發展自己的核心競爭力（core competence），培養與運用自己最擅長的能力來發展企業競爭力，這個學說就是強調企業要能夠自己站立的學說。就此，企業要不斷地問自己、挑戰自己：「究竟我憑什麼立足？我的看家本領是什麼？」

在《基業長青》（智庫出版）一書中，作者發現獲利超群、生命綿長的企業都是具有偉大願景的企業。在偉大願景的支撐下，長青企業也要具有膽大心細的執行力。換言之，企業的企圖與企畫執行力是長青企業的基本條件。就此，企業要不斷地問自己、挑戰自己：「三十年、五十年後，我這家企業究竟可以留下什麼？有什麼值得世人尊敬的？」

策略大師麥可．波特（Michael E. Porter）在其知名的五力分析中，認爲企業在策略選擇上應該先分析產業的五種可能力量：新進者的可能威脅、顧客的談判力、供應商的談判力、產品的代替性、現有競爭者的力量。這個架構的基本邏輯在幫助企業謹愼地選擇所應該進入的行業。用另外一個角度來說，也就是告訴企業「放棄」進入某些行業。

台灣有許多企業常常一窩蜂地趕流行，毫無道理地進入一些不該進入的行業。在金融服務業、電信事業開放的過程中，就有不少企業盲目進入。近來，網際網路與生物科技又成爲所有企業的最愛。就此，企業在進入新事業前要挑戰自己：「如果進入這個新事業是如此美好，別人也一定會進入，我又憑什麼比別人有競爭力呢？」

企業策略重在有破有立、有爲有守

快速變動的環境很清楚地告訴我們，過去成功的經驗常常是企業未來發展的絆腳石。企業在面對嶄新而多變的環境，要能夠忘卻割捨過去的經驗、事業。這正是一種棄業的態度與精神。英特爾能夠放棄自己發跡起家的記憶體事業，進入嶄新的處理器事業，並且不斷地放棄市場銷售良好的處理器，推出更新更強的處理器，就是最好的例證。也因此，企業應該不斷地挑戰自己：「從現在往未來看，什麼是我發展的最大阻力，我最應該放棄的人或事是什麼？」

總而言之，企業策略要有破有立、有爲有守。「企」字意義的站立與企圖，是立與爲的觀念，「棄」字意義的謹愼選擇新行業與大膽放棄舊事業，是守與破的觀念。把握好這企與棄兩個字的本義，企業才能永續經營。

業競天擇，「試」者生存

達爾文在《物種源始》中提出「物競天擇，適者生存」的觀點，認為生物物種的生存是大自然選擇的結果，如果一個物種遇到一個適合它生存的生態環境，該物種就會蓬勃發展，否則就會被淘汰。我們若把達爾文的理論略加修正，就可以得到現代企業生存與演變的基本原則，那就是——「業」競天擇，「試」者生存。

每一個產業就像是一個生物物種，彼此間正進行資金與人才的爭逐

企業的產業別，就好比是生物物種別，產業與產業間必須在大環境下，爭逐有限資源。

就拿傳統產業與高科技產業的競爭爲例，無論在資金或人才的爭取上，傳統產業都遠不如高科技產業，因此，許多傳統產業就注定了被淘汰或外移的命運。網際網路的興起，又是另一波產業與產業間的競爭開始，現在大量的資金與人才都往網路或電子商務產業移動，這個產業當然會有很亮麗的前景。當產業當紅時，身在其中的企業，只要不太離譜，都很容易獲得資源。當產業唱衰時，再好的企業都很難獲得資源。管理學者總愛說：「沒有夕陽產業，只有夕陽企業。」話雖不錯，但是企業若屬於夕陽產業，一定要多付出好幾倍的力量，才能獲得應有的回報。比較近來的網際網路公司與傳統家電業，就可知道此間的道理。

在過去，產業與產業之間是井水不犯河水，產業間就算有競爭，也維持一定的均衡。但在網際網路的時代，產業間的界域愈趨模糊，企業之間的競爭不再局限於產業之內，更有可能來自其他產業。例如，家電業與資訊產業之間原本各有一片天，彼此之間的競爭有限。但是，電視上網科技的發明，就模糊了這兩個產業之間的關係。因此，電視製造公司就非常可能與電腦製造公司激烈競爭，例如，資訊起家的宏碁集團，或是從家電起家的日本新力（Sony）公司，不僅可能會在終端的電視市場競爭，也可能會在上游競逐顯示器的資源。不論是哪一方贏，都可能因而產生網路電視這個新產業，舊有的電視或電腦產業都可能因此沒落。一波波的產業競爭與演化，成就了所謂的「業競天擇」。

勇於嘗試才可能脫胎換骨轉型到新產業

紡織業、電子資訊業、建築業、證券業、通訊業、網際網路業等，可以說是台灣過去幾十年來各領風騷過的產業，當紅的產業總有日落的時候，企業要如何轉入新產業呢？任何一個生命若屬於不利於生存的物種，這個生命再有能力，也無法幸免於大自然的選擇力量。例如，當地球生態不利於恐龍時，沒有一隻恐龍可以存活。企業若屬於不利於生存的產業，是否也有類似的問題呢？這要看舊有產業的企業能否脫胎換骨，進入新產業。生命不能轉型成為新物種，但企業卻有可能進入新產業。

由於環境的變化多端快速，未來愈來愈不確定。企業也愈來愈難事先有計畫、有步驟地進行轉型適應，此時，只有靠不斷的嘗試，才能增加獲得大自然雀屏中選的機率。這些嘗試可以因產品與事業而有所不同。就產品層次而言，企業可以同時推出好幾種產品模型，端視市場反應，再做調整。就事業層次而言，企業對於沒有太多把握的新事業，應該考慮多方投資或多成立新的事業部門。這就好像中環集團董事長翁明顯雖然自稱對網路事業沒有深入的了解，但他卻投資了上百家以上的網際網路公司，成功地進入網際網路事業。透過不斷的嘗試，企業才有可能迅速有效地掌握市場契機，增加生存機會，這就是「試者生存」的法則。

包二奶與企業轉型

台灣許多知名企業家都有兩位甚至更多的老婆，有些企業家在撒手人間後，因為妻小眾多、體系複雜，引發遺產分配的爭議，並對簿公堂之上，還有死後好幾年了都無法入土為安者。大陸經濟開放之後，台商、港商在大陸除了經商之外，似乎也流行起養小老婆、包二奶。包二奶固然有法律與倫理的問題，但這個社會現象卻可以比擬來說明企業轉型的原則。

簡言之，企業在成長轉型的過程，要用類似男人在正室之外偷腥包二奶的方式，才有成功的機會。

靠另起爐灶的二奶新事業，撐起另一片天

雖然有些企業家是功成名就之後，不安於室而養起小老婆，但也有許多企業家之所以能成功，卻得力於二奶、三奶的襄助，據了解，王永慶的事業得以成功，三娘李寶珠的協助即為關鍵。這就好像有些企業獲得一定成就之後，因爲財力雄厚而進入新事業，也有些企業因爲原有事業發展遇到瓶頸，而被迫轉型進入新事業，造就日後的成功。日本新力公司在十多年前進入媒體事業，就有如企業家功成名就之後，包起二奶，現在這個媒體二奶已經是新力的主要事業，儼然成爲正房。英特爾原本是世界最早製造半導體記憶體的公司，後來轉型成世界最大的微處理器公司。世界第一大手機製造公司諾基亞則是木材紙漿公司轉型而來。英特爾與諾基亞都是正室不夠賢慧或年老色衰之後，另娶二奶而撐起另一片天。

從男人的角度看，正室雖然可能是患難糟糠之妻，但卻已人老珠黃，二奶卻是青春美麗，二奶的吸引力當然比正室大，正室又怎能容許自己的老公包二奶呢？所以，有家室的男人會先把二奶養在外面，盡可能不讓正室知情，等到有一天，二奶生了孩子，正室想要阻擋，也無能爲力了。

企業轉型新事業想成功，可先包養在外面

同樣的道理，企業的本業有如正室，新事業有如二奶，企業要獲得正室的支持迎娶二奶，談何容易。原有員工因爲對本業熟悉，他們的行事風格、思維模式以及既得利益，都與本業難以切割，所謂新事業則通常不是員工所熟悉的事業，要員工放棄原本熟悉的事業，另起爐灶從事新事業，就好像要把原本生活在水草豐滿的羊群，趕到貧瘠的土地一樣，這是一件何等困難的事。

就算企業找了一批新人從事新事業，並讓新事業有相當獨立的管理系統，只要新事業有求於老事業的資源，老員工仍然可能抵制這個新事業。因爲，老員工會害怕公司把資源分割到新事業去，老員工會害怕新事業成爲公司的新歡，而放棄他們這些舊愛。因此，企業轉型進入新事業，常常須用包二奶的方法把新事業養在外面。例如，經營團隊不能有太多的人員來自本業，辦公室地點最好與本業有些距離，獨立的財務系統等等。當然，最重要的還是企業領導人的承諾，願意疼惜二奶，花心思與資源去呵護新事業。如此，新事業不會受到本業的人事干擾，也可以免去本業的包袱，新事業才有成功的機會，企業的成長與轉型自然就水到渠成。

上駟對下駟的競爭策略

過去二十年來，台灣在高科技電子製造業的成就斐然，舉世側目，並成爲中國大陸學習的對象。專家學者在分析這個產業的成功因素時，各有各的說法，有的認爲是政府政策所使然，有的認爲是員工分紅政策奏效，也有的表示台灣擁有相對優秀廉價的員工才是主要的原因。各種說法都不無道理，但衆人似乎都忽略了一個最重要的因素，那就是台灣的高科技電子製造業是以第一流的人才來從事第二流的事業，因而能夠在電子製造業中脫穎而出，執世界之牛耳。

過去電子業的成功得利於「上駟對中駟」的競爭

根據宏碁集團董事長施振榮的「微笑曲線」理論，電子業附加價值最高的事業分別處於曲線的兩端：一是末端通路、品牌，另一是研究發展與創新。在電子業中，台灣廠商所專精的是微笑曲線中附加價值最低的一部分，亦即代工製造的部分。如果用附加價值高低來界定事業的等級，則微笑曲線的兩端是第一流事業，台灣所專精的代工製造是第二流事業。以台灣過去五十年所積蓄的人才與國力而言，如果我們把資源都投注在第一流的事業中，用第一流人才直接與全世界的第一流人才競爭，也就是以我們的上駟與全世界的上駟競爭，請問，我們究竟有多少勝算呢？

由於美國以及其他先進國家的第一流人才都進入第一流的事業服務，留下第二流的人才從事第二流的事業，這些二流人才當然競爭不過我們的一流人才，於是台灣得以在代工製造業中輕易稱霸。以台積電爲例，該公司擁有許多博士，這些博士所從事的工作，卻是在工廠現場從事大學生都可以做的品管督導工作。換言之，台灣電子業管理效率可以傲視全球的主要原因之一，是因爲有最優秀的人才來經營管理第二流事業。所以，台灣電子代工製造業獲勝的主因，是因爲採取了「以上駟對他國的中駟」的策略。

我們要在第一流事業做老二、老三？還是要在第二、三流事業做老大？

其實，以上駟對中駟的策略就是台灣許多企業領袖所說的「老二哲學」。從經濟學比較利益的角度看，我們很難在第一流的事業競爭立足，所以只能退而求其次，在第二流事業中稱王稱后。但是，難道我們就永遠屈居第二流的地位，而無法在世界上建立第一流的品牌或事業嗎？當台灣累積了雄厚國力，人才的質量也到達一定水準時，當然有機會在某些領域上與全球精英爭雄。這就好像我們有了台積電、聯電等世界最好的晶圓代工廠時，我們自然會有機會產生世界第一流的ＩＣ設計公司。目前無論是民間企業或政府，都致力於創造產業、創造自有品牌等工作，無非就是想在第一流事業中立足。但是，這時候，台灣所面對的挑戰將遠遠的難於過去各產業的競爭經驗，我們是否有足夠的體認與準備呢？

從另外一個角度來看，如果有些一流人才留在「第三流」或「不入流」的傳統產業中，我們可能形成以上駟對下駟的競爭優勢，我們將更有機會在這些產業中取得世界第一的領先地位。我們究竟要在第一流的事業中維持老二或老三的地位，或是在第二、三流的事業成爲老大？這是政策制訂者與企業領袖所應認眞思考的問題。

先合而後能爭

自從一九九〇年，哈默爾（Gary Hamel）以及C. K. Parahalad在《哈佛商業評論》發表“The Core Competence of the Corporation”後，“Core Competence”（中譯：核心競爭力）就成爲管理領域最常用的專有名詞之一，兩位作者也在核心競爭力的觀念下，陸續發表重要著作，而成爲當代管理界的大師級人物。雖然核心競爭力的策略觀點很有道理，但是「核心競爭力」這個名詞很容易讓人只想到競爭，而忘了合作的前提。

核心競爭力的概念奠基在合作的基礎上

核心競爭力強調，每個企業應該專注在自己最擅長的工作，再透過交換合作的方式，與其他企業共創更大的利益。舉例來說，耐吉（Nike）的核心競爭力在於運動鞋的行銷與通路，而寶成實業的核心競爭力在於運動鞋的開發與製造。這兩家公司透過合作而各自成爲受到投資人肯定的公司。假如這兩家公司都同時做行銷、通路、開發、製造，那麼這兩家公司就勢必相互競爭，而可能兩敗俱傷。因此，核心競爭力必須奠基在合作的基礎下，而不是無謂的競爭。

一九九〇年代以來，由於全球化的衝擊，企業開始強調水平整合而非上下游整合。核心競爭力就是在這樣的背景下產生。許多企業都著重在自己最擅長的核心工作上，而把其他非核心工作外包。最好的例子就是半導體產業，以前ＩＣ產品的設計、製造、封裝、測試都在一家公司完成，現在則各有專業公司職司。在先進國家，許多企業除了把公司的清潔工、警衛、秘書等基層工作外包之外，有時連人事、資訊工作都外包出去。

市場機制愈成熟，核心競爭力愈重要

當市場機制不夠成熟時，企業交換核心競爭力的交易成本偏高，所以，愈是落後的經濟，愈有可能出現什麼都做的企業體，當市場機制愈成熟，核心競爭力的意義也愈重要。這幾年，台灣有許多傳統集團企業的失敗，台灣經濟的市場機制愈趨成熟是一個重要因素。

至於在中國大陸，有許多國有企業在過去採用「一條龍」政策，不但強調產品製造的上下游整合，連員工的住宿、子女教育都一併照顧，一條龍的國有企業並不特別需要與其他企業合作，在全球化的市場競爭下，也因此特別沒有競爭力。「一條龍」很容易就成為「一條蛇」。

企業應該不斷地問自己：「我憑什麼能與其他企業合作？」

在核心競爭力的策略思維下，企業應該不斷地問自己：「我憑什麼能與其他企業合作？」如此，企業才能更專注在提升自己擅長的能力。所謂最擅長的工作，可能是產品價值鏈的某一項工作，例如研發、生產或行銷；可能是特殊的經營能力，例如沃爾瑪的核心競爭力是經營效率；也可能是特殊資源的掌握能力，例如，善於取得特許執照的能力。但是，只有一個核心競爭力不足以成事，唯有許多能夠互補的核心競爭力整合在一起，各個核心競爭力才有價值。所以，核心競爭力要能先合而後能爭。

大不等於強

知名的《財星》（*Fortune*）雜誌每年都根據營業額來評選世界以及美國前五百大企業。五百大企業，在中國大陸則稱之爲五百強。兩岸不同的稱法，究竟誰對呢？

五百大比五百強更能忠實表達評選的意義

強不同於大。所謂大企業，通常是營業額很大或雇用很多員工的企業。但是，強的企業應該指企業競爭力很強、獲利能力很高的企業。很顯然的，大企業未必是強企業；強企業也未必是大企業。大企業有可能是競爭力薄弱、獲利能力差的企業。反映在市場價值上，大企業可能股價很低，強企業則應該有比較高的股價。兩岸都有不少規模很大但體質脆弱的國營企業。由於各機構評選企業的標準並不是根據企業競爭力來評選，而是根據企業營業規模來評選，因此，五百大比五百強更能忠實地表達評選的意義。

在純粹市場自由競爭的體制下，強的企業因爲獲利能力好，競爭力強，自然會變成大企業。但是，當強企業成爲大企業之後，很容易變成缺乏彈性，並因而喪失創新與競爭能力，於是大企業就轉爲弱企業，甚至被市場淘汰。無論是財星五百大或台灣的百大企業，發生企業倒閉的現象，屢見不鮮。因此，有些強企業成長到一定規模之後，就分殖出新企業，刻意讓企業維持在小而強的狀態。

大是手段，強是目的；寧可強，不要大

或許有人會問，那《財星》雜誌爲什麼不根據競爭力來評選五百強企業呢？要知道，營業額大小的資料是很容易客觀取得的，但競爭力強弱卻沒有一套合理客觀的評鑑方法。通常一家公司的競爭力，取決於該公司的員工素質、創新能力、市場反應速度、組織學習能力等，但是，這些決定競爭力的因素很難用客觀的指標衡量。有人認爲股價反應投資者對公司未來的獲利預期，或許可以用來評估公司競爭力，股價高低雖然容易取得，卻是一個相當不

穩定的指標。此外，無論就營業額或員工數目而言，大企業對社會所造成的影響力的確也比較大，需要特別重視，即使是資本市場非常發達的國家，當大企業出現經營危機時，政府還是非常可能介入。因此，評選五百大有其意義。

雖然企業規模的確可以帶給企業相當的競爭優勢，評斷企業好壞強弱最重要的標準，仍然應該在於企業的競爭能力而不是企業的規模。因此，企業不宜爲了追求大而成爲大企業，必須爲了追求強而成爲大企業。換言之，大是手段，強是目的。若是必須選擇，企業寧可成爲小而堅實的金剛鑽，而不是大而易碎的西瓜。兩岸不同稱法，或許反映兩岸不同需求。大陸有很多大企業，需要的是強，所以口口聲聲五百強；台灣則以中小企業爲主，沒有什麼大企業，所以要稱五百大。

格局要與時俱進

鴻海精密的創辦人郭台銘喜歡用阿里山的神木來比喻格局，阿里山的神木之所以大，四千年前當種子掉到泥土裡時就決定了！因爲它要長在空曠的地方，而不是西門町，它要耐得住風寒和寂寞，所以，神木之所以爲神木，是那個時候就決定的了。根據郭台銘的說法，格局的大小，是一開始人們心裡怎麼想就決定了的。

這個一開始的想法要能夠與時俱進，不斷提升

但是，郭台銘的看法似乎過於宿命。如果，一開始的想法就決定了格局與發展，那麼管理教育訓練又有什麼意義呢?漢光武帝劉秀年輕時的志向只是「做官當做執金吾,娶妻當娶陰麗華」,而且我相信李登輝、陳水扁當初壓根也沒想過自己有一天會登上總統的寶座。許多卓然有成的企業家,當初創業之始,心裡又何曾想過他會有如此風光的一天。所以,儘管開始時的企圖、格局不夠大,但也還有成功的可能。更為關鍵的問題是,當他成功之後,他的格局是否也提升到更高的層次。

因此,在我看來,格局並不是經營者一開始怎麼想,而是經營者現在站在什麼層次與時空,來看待自己現有的事業。簡單地說,一開始怎麼想未必會限制格局的發展,重要的是,當時的想法是否能夠與時俱進,不斷提升。

許多成功創業家現在所經營的企業,已非當年吳下阿蒙,但是他們心裡所想的、平日做事的態度,卻都還停留在過去胼手胝足的草創時期。換言之,經營者可能還是沿用過去小格局的作法,來經營現在的大企業。或是即使經營者眞有心放大格局,卻未必能突破過去的心智模型與行事風格。我稱這個現象為格局不對稱。

創業家必須以謙卑的態度,與卓越企業比較,突破格局不對稱

舉例來說,公司在草創或成長初期,員工的薪俸待遇可能不甚理想,但是當公司成長到一定規模時，就應該適時的調整員工待遇，才能吸引更有能力的適當人才。因此，公司必須經常與性質相類似的公司進行薪資福利的比較分析，以達到薪資的平衡性。但是，有多少公司會眞正這樣做呢？

此外，公司成長到一定規模之後，常會遇到內部高階人才不足的窘境，因而必須向外求才。而這些外來人才經常來自較具規模的公司，而且有過輝煌的事業表現，因此，他們所要求的待遇很可能遠遠超過公司既有的薪資水準，如果公司還繼續沿用既有的待遇制度，那就很難聘請到公司急需的人才，這就是公司格局不對稱所產生的問題。

有時就算公司經營者有恢宏的格局，願意打破成規，重金禮聘外來優秀人才，這些人才是否能留得住呢？原有的員工幹部是否能接納這些新血輪呢？特別是老臣知道新人的待遇遠遠超過他們之後，極有可能心中怨懟不平，因而發生有形或無形的各種抵制。這就是公司既有員工的格局不足，他們心裡的想法還停留在過去的世界裡，並沒有從公司未來發展的眼界來看事情，這當然也是另一種格局不對稱。

人們從小長到大，必須不斷地換穿更合身的衣服，同樣的，企業成長的過程也必須不斷地更新相關的制度，以適應不同規模與不同環境的需求。格局未必在企業創辦時就已告確立，而企業經營者能否不斷地調整改變原有的想法與定位，放大格局，才是企業能否持續突破現狀、持續茁壯的關鍵。要做到這一點，經營者應該以謙卑的態度，不斷地與卓越的企業比較學習，其格局才可能與時俱進。

三、公司治理

公司與私司

在科學與民主之外，公司是近代西方最偉大的發明。公司以法人的形式出現，使得公司在組織形式、資金運用、營運管理、所有權與管理權等重要層面，都得以擺脫自然人的局限，獲得無限上綱的延伸。但一如科學與民主，公司的基本觀念不容易在深受古老中國文化影響的台灣社會落實。光從字面意義看，我們就應該知道「公」司是一種公器，不屬於任何一個私人，但國人並沒有嚴謹的公私分野，所以，公司到了中國就成了個人的「私」司。

公私不分是國人最大通病

公司雖然有很多種形態，有有限公司、無限公司、合夥公司甚至還有一人公司。然而，公司最重要的概念是把自然人的權利義務法人化，因此，就算是只有一個股東的個人公司，其權利義務也有別個人股東這個自然人的權利義務。例如，個人的負債與公司的負債就不應該混爲一談。因此，公司向銀行貸款就不應該輕易地要個人背書保證。在我國，就算是大型的上市公司向銀行貸款時，都常需要公司負責人甚至專業經理人背書保證，就是把公司的權利義務轉嫁在個人身上的例子。

在另一方面，台灣任何正常開立收據的商家，包括餐廳、超市、百貨公司等，都會在開收據時問消費者：「需不需要打統一編號？」很顯然的，一定有很多人把私人的費用報銷在公司帳目中。公司負責人或高階主管利用職權，把公司利益移轉到個人身上也是屢見不鮮。至於公司員工利用公司資產、時間從事私人工作，更是司空見慣。可見，在公私不分下的台灣，公司變成私司是普遍的社會現象。在中國大陸，假出國考察之名，行個人觀光旅遊之實，以及私人宴客吃飯報銷公帳等現象，似乎也很正常，反正是報公帳，許多人在餐廳奢侈浪費地點了過多吃不完的菜肴的現象，處處可見。

假公濟私的現象處處可見

在西方先進國家，爲了避免假公濟私，所以，利益迴避或利益衝突是職業倫理中最重要的一個議題。舉例來說，美國最大家用消費品公司寶僑（P&G）就規定，員工不能買競爭對手或上下游供應商的股票，以免員工以私害公。政治人物在會影響到個人私利的決策上，也都要迴避。當然，文明古國如義大利，公私不分的現象倒很普遍，不知道該國是否與中國一樣，歷史過於悠久，人民太過聰明，導致公私分明的規範難以執行。

由於國人無法分辨公司與私司的差異，所以，台灣有很多大型上市公司會以紀念創辦人父母爲名，而設立公益基金會。公司從事公益活動當然是美事，但這個功德應該屬於所有股東，爲什麼會記在創辦人的父母身上呢？如果創辦人用自己的錢，成立紀念他父母的基金會，當然是他個人的自由，這沒有什麼可議之處，但公司用全體股東的權益成立紀念私人的基金會，那就是公司變私司的結果。

正因爲公司成了私司，所以太多公司是人在政存、人亡政息。台灣若要出現百年基業的公司，首要之務在讓公司成爲眞正的「公」司，而不是少數人的「私」司。

什麼是公司治理？

近年來，在台海兩岸廣爲探討的熱門管理議題——公司治理，可能很多人對它還是一知半解，其實，簡單地說，公司治理就是如何使得公司的董事會發揮應有的獨立功能，讓大小股東都能得到合理、公平的對待，以確保投資人的利益以及公司長遠的競爭力。

公司治理（corporate governance）是這幾年來最重要的管理議題之一。許多專家學者認爲，數年前亞洲發生金融危機的根本原因是公司治理出了問題。日本這十幾年來經濟無法振衰起敝，其根本原因也在於公司治理出了問題。基於此，二〇〇一年時，中國大陸的證券監理管理委員會公布了「上市公司治理準則」，無獨有偶，台灣的證券暨期貨管理委員會也大約在同一時期公布推動「公司治理最佳準則」。這些規範都是參考國外先進國家的許多作法，希望上市公司在未來的發展能夠步入正軌，所著眼的基本立場在於增強我國企業的長遠競爭力，避免我國企業步上日本或其他亞洲國家經濟危機的後塵。

公司究竟應該屬於誰的？

公司治理涉及公司財產權問題，也就是公司應該屬於誰的問題，而董事會的組成，反映社會對此問題的基本態度。傳統的股東所有理論（stockholder theory）認爲，股東因爲要承擔公司最後的財務風險，所以，公司應該屬於股東的，董事會的組成自然應該以主要股東爲主。但是，一家大型上市公司在股權愈來愈分散之後，股東可輕易地在股市上進出公司股票時，其風險承擔常低於公司員工。大股東因爲經營不善或個人財務問題波及公司生存，不僅對一般投資者不公平，對於在公司服務多年的員工更是不公平，因此，有論者認爲公司應該不只是屬於股東的，更應該是屬於員工的，也屬於廣大投資大衆的。持這種觀點就是利害關係者理論（stakeholder theory）。利害關係者理論的觀點可以擴及員工之外，認爲社區、供應商也都可以是公司的利害關係者，他們也須承受公司成敗的風險，換言之，他們也可以是公司的所有者，因此，董事會應該有這些人的代表。

假定我們服膺利害關係者理論，那麼，公司的主要利害關係人，即使沒有股權，也應該有權出任公司董事。在這樣的想法下，德國產業民主制就規定公司董事會應該由股東以及員工共同組成。在類似的想法下，許多國家規定董事會必須有外部獨立董事，代表社會大衆的利益，監管公司的運作。事實上，上市公司的英文是public company，就意涵著公司是屬於社會大衆的意思。

什麼是獨立董事？

在先進國家，個人股東占上市公司的股權比率不高，法人投資者如投資銀行、基金等的股權比率比較高，這促使經營權與所有權的分離。以美國爲例，其上市公司的董事未必是公司股東，董事會通常由兩種人組成，一是在公司擔任高階經營主管者或公司的大股東，稱之爲內部董事；另一則是獨立董事，他們沒有在公司任經營職位，也沒有公司股權或只有很少的股權，這些人通常是其他大公司的高階主管，也有可能是學者或其他社會賢達之士。至於不在公司擔任經營工作，卻擁有相當數量股權的董事，則可以稱爲外部董事，但不能算是獨立董事。

美國法律規定獨立董事應占三分之一以上名額。根據一九九〇年的調查，美國最常見的上市公司董事數爲十三人，其中內部董事爲三人，獨立董事爲九人，另外再加上董事長一人，董事長通常兼CEO，在英國董事長與執行長則通常分由兩人擔任。美國上市公司董事會還會組成幾個委員會，其中聘任、監察、薪資三個委員會的組成，獨立董事一定會占多數。

一般而言，公司所聘請的獨立董事都是具有聲望能力的才幹之士，主要的目的是增廣公司經營視野，促進公司間的資訊交流與關係，並維持獨立公正的財務監督。例如說，台積電就聘請美國麻省理工學院（MIT）知名學者雷斯特・梭羅（Lester C. Thurow），以及英國電信公司執行長邦菲爾德（Peter Bonfield）擔任獨立董事，哈佛大學教授麥可・波特擔任獨立監察人，對於台積電的聲望提升有相當大的助益。

上述中國大陸證監會所公布的「上市公司治理準則」，要求公司聘任獨立董事，其意義就在此。但是，就算做了這樣的規定，在人頭充斥的中國社會是否能達到預期效果，令人懷疑。事實上，就算是英、美國家，在過去，其公司董事會也常常充滿董事長的友人，難以發揮獨立效力，一直到一九九〇年代，在經過一連串的醜聞案件之後，董事會受到投資法人以及學者的注意，其獨立自主的功能才逐漸發揮出來。

董事是很專業的工作

董事工作其實是相當專業的工作，就算我們堅持股東所有理論的看法，董事也不必然要由股東出任。有錢的大股東未必知道要如何做好董事，他們若是有意委託專業人士代爲執行董事工作，又何嘗不可呢？重點在於所有出任董事人員的資歷，均應符合一定的水準，因此，董事的資歷必須是公開資訊，讓所有投資大衆檢視。

爲了讓董事負責，董事必須負擔嚴重的法律責任。當公司發生重要員工犯了嚴重的盜取公司資產事件，或發生重大的錯誤投資決策，每一位公司董事都應該有法律責任。美國的董事會在一九九〇年代，之所以能夠增加獨立性，主要是因爲董事常常被控告的結果。以一九九八年亞洲金融危機後各個出狀況的公司爲例，假定這些公司的每一位董事都必須負起法律乃至於財務責任，相信各公司董事的獨立性將大爲增加。也由於告訴董事的法律案件日益增多，許多上市公司也會替董事購買董事責任保險。

董事會的四大主要工作

由於董事會不常舉行，三個月才開一次是很正常的，因此，董事會不可能負太多實際經營責任，但是，公司基本策略、重要人事以及重要財務決策，絕對須由董事會負責。董事會主要工作應該有四大項：

一、董事會應獨立於公司例行經營管理之外，行使獨立監督權，設法維護各方利益關係者的利益。要達到這樣的目的，董事會必須有一定比率的成員，要由既非大股東也非公司經營者的外部董事或獨立董事組成。

二、董事會應負考核公司高階主管的責任。在理想的狀況下，公司的董事會決定公司高階主管的聘任、考核、薪資等。同時，董事會也要注意公司高階主管的接班計畫。公司的高階主管幾乎控制管理公司所有的資源，但誰來管理公司高階主管呢？——當然是董事會。

三、公司大方向、策略以及財務績效的監控。雖然公司的大方向、策略是由公司經營階層負責，董事會應該要了解並核定公司的基本策略，隨時評估公司的績效。

四、企業價值、倫理的維持。董事會是唯一能夠監督公司行爲是否合乎企業倫理的單位，如果董事會眞能負起責任，大股東或公司高階主管操弄公司股價、掏空公司資產的事情，根本就不可能發生。

總而言之，公司治理的眞正意義在於保障投資人的權益，因此，不論公司實際的經營方式爲何，也不論公司的董事會是否眞能發揮功能，確保公司以誠信正直的態度與行爲經營公司，就是公司治理最重要的方向。

（後記：公司治理這個議題的根本問題是政治或權力運作問題，而非經濟問題，這就好像一個國家的統治問題一樣，有總統制、有內閣制。因此，台灣管理學界大老許士軍教授認爲，corporate governance 應該翻譯成公司統理，而非公司治理。我非常同意許教授的看法。但是，語言是約定俗成的，既然大多數人都已用公司治理了，我就只有從俗了。）

董事會的組成與運作

公司治理最主要的關鍵在董事會是否能發揮作用，因此，企業經營者應該對董事會的組成、分工以及相關條件有所認識。此處，僅就個人的經驗與研究，提出理想董事會的組成與運作所應符合的基本要素：

一、股東代表、經營階層以及獨立董事有均衡的比例

股東代表可以保障投資者的利益；上市公司是社會公器，獨立董事可以用比較超然獨立的立場，平衡公司不同利益相關者的權益；至於經營階層，因爲最了解公司的經營狀況，而

董事會又必須決定公司最重大的政策，所以，也應該有代表。一般而言，公司的執行長、財務長以及營運長常常也是公司董事。

二、董事會的規模視公司需求而定

我們可以從兩個因素考慮董事會的規模：公司規模以及股權集中度。公司規模大，經營的複雜度也增大，董事會的職責也增加，需要比較多的人來分工合作。如果公司有很高比例的股權集中在一個人或一個團結的家族上，大股東自然具有比較絕對的經營權力，董事人數不需要太多，像鴻海精密的董事會只有五個人，卻仍然經營得有聲有色，就是一個實例。如果公司股權非常分散，因爲要平衡多方權益，董事會規模也就會增大。

三、獨立董事投入的時間與報酬

獨立董事不涉及公司經營實務，並非公司全職人員，但是，他仍應要用相當的時間來了解與協助公司。大致而言，獨立董事每年要有八十到一百小時的時間來協助公司。根據二〇〇三年的調查，美國上市公司獨立董事的平均年薪大約是五萬美元，此外也可能包括一些福利，如保險、俱樂部會員、配車等。有些學者主張獨立董事的報酬應該包括公司股票，才能讓獨立董事更關心公司的利益，也有些學者認爲這樣會造成獨立董事的利益衝突。我認爲，獨立董事與公司的利益在某種程度上結合，具有正面意義。獨立董事若是只拿固定薪資，其誘因會有所不足，因此，應該發放部分公司股票給獨立董事。但是，爲了避免利益衝突，該股票應該有限制條件，例如，必須鎖定一個年限之後，或不再擔任董事之後，才能轉售。

四、公司董事會成員應各有專長

董事會須設立各專門委員會，並能夠從不同的角度與專業來分析問題，同時又能充分合作。大致而言，公司董事會一定需要設有審議委員會，負責公司預算、財務等相關事宜；策略委員會，負責公司重大策略、投資併購等案件的審議；薪酬與人事委員會，負責公司高階主管的績效評估、選任、薪酬福利等。

五、公司應定期發給董事第一手的經營資訊

在理想的狀況下，公司應該每個月給董事第一手的經營資訊，包括基本財報資訊、重大人事變動，以及董事會要求的其他資訊。董事們應該在每次董事會召開之前，就先取得會議

相關資訊，以利會議的討論與效率。

六、董事會成員應不定時參觀考察公司業務，並與重要幹部保持良好的溝通

董事到經營現場，接觸顧客與幹部，才能對公司的經營有更清楚的掌握。美國奇異公司、Home Depot 等知名公司對董事都有類似要求。台灣的燦坤公司就師法美國的 Home Depot，要求獨立董事每年至少要參觀六個三C零售店面。此外，燦坤公司也要求獨立董事擔任某些幹部的導師（mentor）。

七、未涉及公司經營實務的董事應有機會單獨聚會，探討評估公司經營階層的績效

當經營幹部在會議現場時，外部董事或獨立董事可能有所顧忌，難以爲所欲言評論經營幹部的表現，非經營團隊的董事們自行聚會後，可以發表他們的共同立場，表示意見，作爲公司最高經營者的參考。

任何的制度都有其優缺點，必須隨著時空調整，保持彈性，企業董事會的組成與運作亦然。本文所提的方法與原則，當然還要看企業的股權結構、經營環境以及企業發展的階段，做彈性的調整。

獨立董事的五C

自從美國恩龍（Enron）、世界通訊（Worldcom）等知名大公司發生嚴重舞弊案之後，公司治理成爲近年來企業界最熱門的話題。公司治理所要討論的主要議題是如何降低經理人的代理成本，有效保障投資人的利益。許多學者專家認爲，要做好公司治理的最重要工作項目之一，是引進賢能的獨立董事，以提升董事會的功能。

所謂獨立董事指的是公司的某一類董事，他既不是公司重要經營者或大股東，同時也與他們沒有親密的利益關係。引進獨立董事的目的，是希望公司的董事會能有超然獨立的立場，協助並監督公司的經營者，以防止經營者爲了自己的利益，而犧牲其他股東的利益。然而，獨立董事除了在形式要件上，須符合前面的定義外，應該還要符合五C原則，才能發揮其效用。這五C是指有能力（competent）、肯承諾（committed）、建設性（constructive）、評判性（critical）、教導性（couching）。

獨立董事應具有企業管理的見識能力

有能力是指獨立董事應該具有企業管理的見識。由於現代企業經營的環境與知識實在太複雜，沒有任何一個人有能力完全涵蓋所有相關知識。獨立董事的專業能力也有所不同，必須視公司經營需求而定。但是，不論獨立董事的專業在哪裡，他都必須要有相當程度的經營見識（business sense）。因此，最好的獨立董事人選應該是已經退休的企業領導人。他們擁有企管能力，同時也有相當的時間擔任董事工作。

獨立董事要肯承諾時間參與運作

目前，我國絕大部分的董事會都是橡皮圖章，許多董事會只是書面作業，徒具形式。肯承諾的獨立董事應該投入一定的時間，參與董事會的運作以及相關事務。根據美國的研究，一般認爲獨立董事每年應該爲這個工作付出八十到一百小時。此外，有些公司如奇異公司或

Home Depot 會要求公司董事視察業務，實地了解公司的營運，這也算是肯承諾的表現。

獨立董事要以興利角度，提出建設性意見

從風險的角度而言，防弊容易興利難，如果獨立董事念茲在茲的只是個人的清望名聲，就很容易單從防弊角度找問題，而比較不會從興利角度找機會。然而，董事會不應該只是以防弊的態度來監督公司的經營者，更應該積極地以興利的角度提出建設性意見，來協助經營者，如此，董事會對公司的成長才能發揮正面的意義。否則，經營者將會感到處處受到董事會的牽制，若是因而對董事會產生敵意，董事會反而有可能成爲阻礙公司經營的絆腳石。

獨立董事應保持敏銳的批判與分析能力

國人好面子，通常比較不喜歡表達或聽到不同的意見。因此，批判性可能是這五C中，最重要也最難做到的一點。這個立場似乎有違前述的建設性，事實不然，因爲能批判才能建設。批判性的意思是說，獨立董事要保持敏銳的判斷力，去分析公司的經營狀況，同時，他能夠從不同的立場或角度提供經營者多元的思考面向。要做好這一點，國人要學習能在團體討論中，建立起就事論事的態度與習慣。

獨立董事要當經營者的教練

每個人都需要不斷的學習與成長，經營者也不例外。此外，經營者忙於日常的營運事務，很容易陷於繁瑣細微的庶務而失去思考的時間與心智。好的教練可以讓經營者持續地學習成長，也可以協助經營者改善領導管理能力。獨立董事應該能夠以客觀與旁觀的立場，成為公司重要經營者的教練。

公司治理與組織變革

這幾年所流行的公司治理相關討論，大都圍繞在公司董事會的組成，以及保護投資人的議題。其實，公司治理也可以是企業推動組織變革的尙方寶劍。幾乎所有的公司領導人都希望將公司帶往更理想的方向，讓公司更有競爭力。爲了要讓公司持續有競爭力，企業必須與時俱進，不斷地推動組織變革。但是，企業在推動組織變革時，常常遇到來自內部的巨大阻力，若能透過妥善的公司治理安排，特別是董事會的運作，可以有效地協助企業轉型。

說到組織變革，大體來說有四種：一是組織再定位（repositioning），也就是組織定位與策略的根本變革；二是組織再思（rethinking），也就是組織文化、價值觀的重新檢討；

三是組織再造（reengineering），也就是組織從顧客的角度，重新檢討其工作流程，並不涉及策略與定位問題；四是組織再組（restructuring），也就是組織部門與人員調整，並不涉及策略與流程。不論是哪一種變革，都涉及人的定位與轉型，由於公司的主要經營者與幹部們朝夕相處，彼此之間的關係形成一個緊密的生態系統，但是，組織變革卻是要打破這個生態系統，這並不是一項容易的工程。不過，透過技巧地運用董事會，經營者可以更有效地完成這些變革。具體的作法如下：

一、聘請公司治理專家深入理解公司發展的階段以及需求

每家公司的經營環境與需求都不同，經營者絕對不可以用一套既定的模式、方法或理論來推動組織變革。任何企業也都是一個生態，任何變革都可能造成牽一髮而動全身的問題。經營者要與專家顧問持續深入的對話，了解公司的生態系統後，才能對症下藥，找到對公司有用的方法。

二、改變經營家族或大股東的心態

我國大部分企業的主要經營者是公司的大股東家族一員，就算經營者有心改變，其他的

家族成員未必完全認同。因此，主導變革的主事者要多與其他大股東溝通，藉以穩定變革的權力基礎。國營事業雖然只有國家一個大股東，但是，背後的勢力卻絕不單純，因此，與相關權力單位的溝通不容小覷。

三、與主要幹部充分溝通

為了公司好，絕大部分的幹部並不會反對變革，只是不願意面對變革所帶來的權力、利益損失以及不確定性。經營者應該與董事會充分合作，相互扮演白臉或黑臉。經營者不方便說的話，就由董事會出面要求；有時候，董事會也可以扮演經營者與主要幹部之間的橋梁。

四、董事會成員要能分工，督導以及教導公司不同部門或功能

由於許多企業的老幹部一直忙於工作而無暇進修，再者，他們在公司升到了一定的職位後，缺乏可以學習的對象。像這種情形，有經驗有視野的獨立董事是公司老幹部很好的學習對象，可以協助企業員工提升其能力。

五、董事會要協助建立明確的衡量機制

無論是公司的經營月報或是例行董事會，董事會必須要求高階主管的報告有憑有據，知道運用數字管理。透過衡量制度與工具的建立，企業高階主管的工作態度與能力也可以清楚地評估出來，組織能力自然可以提升。

總之，在企業轉型變革的過程中，董事會不應該只是一個統治機構，更應該是一個有效的轉型教導者。

空降兵應有的特質

絕大部分的大型企業都是從中小企業成長而來。當中小企業尚未茁壯，其知名度與規模都還不足時，所能聚集的人才自然也有其局限。而日後當企業逐漸成長時，原有的幹部在視野、經驗與能力上，就可能有所不足，必須從更大的企業引進新血，尋找更優秀的人才，也就是通稱的空降兵，如此，企業才有機會突破現狀，更上一層樓。例如，中國大陸最大的軟體公司用友集團，就從台灣引進曾任甲骨文（Oracle）台灣區總經理、Broadvision 亞太區總經理的何經華擔任執行長，就是一件頗爲轟動的消息。

人格特質與行為比專業能力更為關鍵

許多案例顯示，空降兵的失敗，通常不是專業能力有所不足，而是人格特質或態度行為無法吻合企業所需。換言之，空降兵的人格特質與態度行為比專業能力更為關鍵。空降兵的進入，會顛覆企業既有的生態。空降兵通常位高權重，薪資福利也遠遠超過原有員工所得，因此很容易造成舊員工的不滿，而消極地抵制空降兵。所以，空降兵要善於處理與舊員工的關係，並降低新權力結構所帶來的猜忌與不安。這些都需要具備特定的人格特質與行為能力，而非一般的專業能力所能應付自如的。

基於以上論點，除了應有的專業能力之外，適合引進企業的空降兵應該具有下列幾項特質：

一、必須是具有領袖氣質的專業經理人。企業引進空降兵的目的，就是要從事企業變革。在變革的時候，企業最需要的是能夠掌握方向、適度引導部屬的領袖人才。如果一個人的專業能力很強，但卻無力帶領變革，那就不是合適的人選。

二、必須是具有老闆心態的專業經理人。許多台灣企業都還是大股東或創業家在主導。空降部隊要能夠了解老闆的想法，同時也能站在老闆的立場來擬定策略與重要決策。如此，空降部隊才能獲得老闆的充分信任，其改革也才可能獲得老闆的大力承諾與支持。

三、必須具備彈性與韌性的人格特質。改變並非一蹴可幾，理想與現實總是有很大的距離。如果空降兵滿懷理想與抱負，卻無法認清現實的限制，那他很快就會嘗到失敗的苦果。所以，空降兵在執行變革時，所採取的方法與過程要有相當的彈性。但另一方面，在遇到挫折時，仍要堅持一定的原則與目標，這就是韌性。彈性與韌性，兩者要同時並存，如何拿捏就要看空降兵的智慧與經驗了。

四、必須具有在混亂及不確定的環境中完成決策的能力。許多本土企業的空降兵是來自知名的外商企業，這些外商高階主管轉戰到本土企業後，常常會遭遇出師未捷身先死的命運。因爲知名外商不但制度良好，資源豐沛，而且公司的策略與目標通常也十分明確；相反的，創業家主導的本土企業則人治色彩明顯，決策與其他重要機制都無一定軌跡可循。轉換環境的外商高階主管，未必能夠迅速地面對這種混沌不明的機制環境，因而淪落到鎩羽而歸的下場。本土企業在引進這些人才時，一定要特別注意他們的適應問題。

引進空降兵的程序

前文述及企業從外界引進高階主管時——也就是所謂的空降兵，所應注意的人格特質。這裡我要討論的則是引進空降兵的程序。很多時候，企業所招聘的空降兵有非常優越的條件，但是因爲導入的程序不對，而導致企業變革的失敗。爲了降低失敗的機率，企業在引進空降兵時，應該注意下列幾個原則與步驟：

一、企業主要有堅定的承諾，但不可操之過急

任何一項企業變革，都需要一、兩年的時間才見功效，企業重金禮聘高階主管，自然有

很高的期待，但切忌操之過急，一遇挫折就退回到原點。另一方面，空降兵本身一定要先彎下腰，謙虛地理解目前企業的經營模式與文化，不要輕易用過去的習慣或思維，來挑剔現行企業的問題，以免引起不必要的反感。

二、把握寧缺勿濫、寧高勿低的原則

高階主管的極限就是企業發展的極限，所以，企業寧可重金聘請「過於」優秀的人才，不能聘入「不夠」優秀的人才。如果一時之間無法在外界找到適當的人選，就盡可能先運用內部的人才。

三、把握因事設人的原則

企業應該先確定出缺職位所需人才的規格，再依照這個規格去尋找所要的人才。人才需求規格應分爲絕對必要以及具有加分效益的規格。就高階主管而言，策略思維、溝通能力、領導能力、決策能力是絕對必要的能力，其他的能力則視專業需求而定。評估人才是否適合公司需求，最重要的方式是檢視他過去的經驗與成就。所以，企業一定要仔細評估與徵信各個候選人員的歷史紀錄。這些程序必須嚴謹愼重，寧可失之慢，不可失之快；因此，一年半載才完成高階主管選任的程序，其實是相當正常的現象，企業主應有必要的心理準備。

四、找到適當的公司內部員工，與空降人員一起建立合作團隊

內部員工對於公司文化、權力結構、資源分配有深刻的理解。空降兵若能找到一、兩位老幹部的協助，自然比較清楚權力運作的方向，推動改革所遇到的阻力會比較小。ＩＢＭ前執行長葛斯納以該公司有史以來第一位空降兵執行長的身分，能夠推動ＩＢＭ轉型成功，其中一個重要的原因是，他的哥哥是一位很有地位的資深ＩＢＭ員工。葛斯納從他哥哥那兒獲得非常多的內部訊息，使他能夠迅速了解該公司的權力政治運作結構。

五、空降兵應透過立小功與短贏的方式，迅速建立聲望、贏取信任

公司重大的變革與績效不是在短期內能夠立竿見影的，因此聰明的空降人員會尋找一些可以迅速立功、又不至於對企業有重大影響的小改變，先建立自己的威信，再尋求重大的改變。

六、除非能帶進一整個團隊投效新組織，否則空降兵盡量不要引進自己的人馬

花旗銀行的陳聖德跳槽中信銀行時，帶了二十多位花旗重臣帶槍投靠。陳聖德在中信帶動變革應該會比較順利，但是，一般企業大概很難有中信這樣的大氣魄與手筆。由於空降兵常常是老幹部嫉妒排擠的對象，他們所帶進來的人馬也很容易受到排擠，而造成派系之爭。所以空降兵應該盡可能與老幹部結盟，避免引進自己的人。

七、人力資源部門是成敗的制軸點

所有的變革都要透過適當的員工來推動執行，因此，空降部隊進入公司後，應該與人力資源部門密切合作，從策略發展的角度來檢討公司人力的配置與績效。葛斯納在進行ＩＢＭ的變革時，第一個重要的人事決策，就是更換原有的人力資源主管。人力資源主管的重要性，由此可見一斑。

康柏電腦解聘總裁的啟示

一九九九年四月，世界最大的個人電腦廠商——美國康柏電腦的總裁菲佛（Eckhard Pfeiffer），因爲公司的營運績效不如預期，慘遭董事會撤職。這個消息震驚了全球的資訊產業界，但也反映出企業在成長過程必須適時更換經營者，其所隱含的經營啓示，值得我國企業注意與學習。

康柏電腦成立於一九八二年，由一群德州儀器公司的工程師在羅德．肯尼（Rod Canion）的領導下創業，並獲得創業投資家班哲明．羅森（Benjamin M. Rosen）的資金與經營策略的協助，羅森並從公司創業之始擔任公司董事長至今。一九九一年，康柏電腦出現公司上市以來的第一次虧損，肯尼遭到撤職，菲佛臨危受命出任總裁。在菲佛的八年任期內，康柏電腦的營業額從三十三億美元增加到四百億美元。菲佛確保了康柏公司在個人電腦市場的領導地位，其成就當然值得肯定。但是，在一九九八年的一年多，康柏電腦的營運績效、獲利能力以及公司前景都出現瓶頸，董事會乃再度在羅森的領導下，解雇公司總裁。

企業經營者的成長未必跟得上企業的成長

從康柏電腦先後撤換兩位總裁的過程中，我們可以得到兩個重要的啓示：第一，企業經營者（主要指總裁或總經理）的成長未必跟得上企業的成長，當企業的成長超過企業經營者的成長時，企業就應該更換經營者；第二，企業董事會應該負起考核、任免企業經營者的責任。

以康柏電腦爲例，肯尼在一九八二年創辦該公司之後，不到十年，使得康柏電腦成爲年營業額三十億美元以上的個人電腦業的龍頭，肯尼對公司發展有一定的貢獻。但當個人電腦產業進入低價策略時，肯尼沒有掌握產業生態的變化，適時調整策略，所以他雖然是公司創辦人，仍無法免於被撤職的命運。

菲佛雖然成功地把康柏電腦從初具規模，帶領到世界級的龐大規模，但公司也出現組織僵化的現象，以至於無法有效地對付戴爾電腦（Dell Computer）所發展出來的網路經營模式。在個人電腦產業的劇烈拚鬥中，康柏電腦仍是龍頭老大，也尚未出現虧損，只是營運績效不如預期，龍頭老大的地位岌岌可危，董事會乃在羅森的領導下，撤換了菲佛。

加強董事會功能，是我國企業國際化最艱巨的挑戰

我國絕大多數的公司從創辦到成爲上市、上櫃的大型企業，創業家或創業家族都一直主導公司經營權。這些公司在規模日益擴大的過程中，也常有績效不如預期的現象，卻幾乎沒有發生過企業領導人被撤換的事件。即使在公司發生財務危機，面臨跳票或重整的可能時，經營者都未必會去職以示負責。這主要的原因，當然是因爲企業經營者通常也是公司大股東，不願輕易放棄經營權所致。

就公司的成長發展過程來說，公司經營應該有接力賽的觀念，當公司規模日益增大時，原有經營者的能力可能有所不足，此時，就需要後繼者接棒，以確保公司的發展。這個評估、選任經營者的工作本來應該落在董事會上，然而，我國公司的董監事組成常常有如親友聯誼會，想要他們發揮監督考核經營者的功能，無異緣木求魚，許多企業因而逃不脫「成也創業家，敗也創業家」的宿命。就此而言，加強董事會的功能，實在是我國企業走向國際化

最艱巨的挑戰。

（後記：雖經董事會以及新任執行長的努力，康柏電腦還是擋不住電腦產業的整合趨勢，而於二〇〇一年與惠普公司合併。但從康柏電腦的股東利益角度來看，該公司撤換執行長以及後來併入惠普公司，都是很正確的方向。）

惠普公司的變與不變

在全球電腦、儀器領域名列前茅的惠普公司CEO菲奧莉納，曾於一九九九年秋訪台，近年來並多次訪問中國大陸。菲奧莉納是惠普公司六十年歷史以來的第五位執行長，也是第一位非惠普公司出身、不具工程背景的女執行長。台灣之旅是她當年上任三個月之後，所進行的為期六周訪視全球惠普分公司的行程之一。當菲奧莉納被任命為惠普執行長的消息發布時，惠普公司跟她本人不僅成為美國媒體的焦點，華爾街的分析師也給予極高的評價。惠普公司以及菲奧莉納究竟有什麼魅力，能夠引起外界這麼多的關注呢？

菲奧莉納在擔任惠普公司執行長之前，在她職業生涯中與惠普公司的唯一關係，就是當她在美國史丹福大學主修中古歷史與哲學學位時，曾利用暑假擔任該公司的實習秘書。在接任現職之前，菲奧莉納為朗訊公司的全球服務部（Global Service Provider）總裁以及資深執行副總裁，並在一九九八年被《財星》雜誌遴選為美國最有權勢的女性。一九九九年，菲奧莉納接任惠普公司執行長，當然又繼續蟬聯美國最有權勢女性的寶座。許多人可能只注意到菲奧莉納表面上的資歷與成就，而忽略了這項任命對惠普公司的意義。個人以為，她的任命反映出惠普公司之所以能夠廣受推崇，關鍵在於該公司雖然有適時而變的策略，但更有一貫不變的原則與精神。

先有公司才有產品定位的惠普

惠普公司在一九三八年由比爾・惠列（Bill Hewlett）與大衛・普克（David Packard）在加州帕洛阿圖的一間車庫裡成立。在這兩位創辦人的領導下，惠普公司逐漸茁壯，而成為國際知名的大企業，同時也開創了矽谷經濟的世代，惠列與普克兩人更成為矽谷成千上萬創業家的標竿與楷模。許多管理學者往往認為，公司一定要先訂定一套周詳的策略，包括產品定位的策略。但是，惠普公司在成立之初，其實並不清楚要生產什麼，只是要在收音機、電子、電機領域中尋找機會，一直到一年後，賣給迪士尼公司八個音頻震盪器（audio oscillator），才做成第一筆生意。到了一九九八年，惠普公司林林總總的產品，包括二十五美元的低價墨水匣，到高達百萬美元的超級電腦，其營業額超過四百七十億美元，員工總數多達十二萬兩千八百人，並以千億美元市場股值，而名列世界第三十二大公司。若就產品定位與產品項目而言，惠普公司並沒有很清楚集中的特定方向，而是在具有相當幅員的電子、量測、化學分析等領域上，持續不斷地嘗試創新。而指引惠普公司往前邁進的最重要動力，則是「惠普風範」（HP Way）。

惠普風範的四個一定

惠普風範就是公司在創業初期，就建立起的「四個一定」的經營理念：一、公司一定要獲利成長；二、公司一定要經由科技貢獻中獲利；三、公司一定要認可並尊重員工的個人價值，並讓員工分享公司的成功；四、公司一定要成爲社會的好公民。而反映在企業價值觀上，惠普風範則有五個特質，分別是：信任並尊重個人、追求卓越的成就與貢獻、謹守誠信原則、強調團隊精神、鼓勵變通與革新。

這些經營理念、價值觀，並未因爲領導人或市場環境的更迭而有所侵蝕。在惠列與普克之後的兩位執行長——楊格與普列特都是從惠普基層員工做起，所以，惠普風範也持續不變。菲奧莉納以外人身分能夠雀屏中選的主要原因之一，即是因爲她對惠普公司的核心價值有高度的認同。她在上任之後，還勸服了公司資深主管兼董事李察・海格朋（Richard A. Hackborn）在二〇〇〇年接任普列特的董事長職位。此舉深獲公司、華爾街分析師等多方好評，咸認爲在海格朋的指引下，惠普風範將繼續被發揚光大。

面對變化與挑戰，企業需要向外界求才

爲了維持惠普風範，惠普公司喜歡直接從最好的學校中、挑選最好的理工畢業生，自己培養人才，不喜歡到其他公司挖角。惠普公司能夠不斷地在產品技術上創新領先，與它的人才甄選策略有絕對的關係。惠普公司分權、開放、信任、平等的環境，讓員工的技術能力獲得充分發揮，當然也是重要因素。然而，這樣的公司文化，雖然讓公司成爲一家重視技術、品質的公司，對顧客服務需求卻未必有足夠的理解。過度分權的組織結構，常常造成部門間各自爭取顧客，使顧客無所適從。過度分權的結果，也使得公司資源浪費、策略不明確。更嚴重的是，工作環境過於講究平等、尊重，竟使得員工喪失競爭、主動的精神。事實上，惠普公司早在網景（Netscape）公司推出網路瀏覽器的前兩年，就已經研發出瀏覽器，但這個產品卻埋沒、犧牲在惠普公司極其分權與各自本位的組織結構之下。一九九七、一九九八年

來，惠普公司的營業成長遲緩，網際網路的經營策略不明，使得許多人對公司的前途產生懷疑。

爲了解決公司的困境，惠普公司在一九九九年初決定進行有史以來最大規模的企業改造，將公司一分爲二；惠普公司將集中在電腦產品與運算、印表機與影像處理等事業，而儀器、半導體組件事業將獨立爲一家新公司。儀器、半導體組件公司後來並獨立成安傑倫（Agilent Technologies）公司。惠普公司希望經由這樣的企業改造，更合理的分配資源，並使策略更具焦點。保有電腦以及運算等產品的惠普公司，將更能集中火力在電子服務（e-service）的發展上。面對這樣的變化與挑戰，惠普公司放棄了從內部擢升員工爲執行長的傳統，轉向外界求才，菲奧莉納就是在這樣的背景下出線。

前幾年，IBM也放棄近百年的傳統，任命非IBM出身、毫無電腦背景的葛斯納爲董事長兼執行長。這些例子顯示在網際網路的新世代，知識經驗常常被革命性的推翻，無論是多具規模、多麼完美的公司，想要完全依賴公司內部培訓人才，不免會有時而窮的情景。

企業在快速變動中不可喪失靈魂

菲奧莉納曾經在主導朗訊公司從美國電話電報公司獨立成新公司的過程中，重新塑造朗訊公司的形象，使朗訊公司從一個緩慢步調的通信設備公司，轉型爲一個明快節奏、注重服務的通信服務公司。菲奧莉納擅長於溝通、管理大型組織的成長與變革，目前惠普公司所面臨的主要問題，正需要借重她的專長來妥善解決。所以，大家對菲奧莉納的任命都有很高的期盼。她上任之後，揭櫫四項精神：速度、急迫、創業精神、競爭精神，無一不是惠普公司亟須建立的新文化。

高度認同惠普風範的菲奧莉納，在上任後曾強調：「偉大的公司不僅要靠著他們的腦袋與技術，更要靠他們的靈魂。」在這個快速變動的時代，企業當然需要迅速的反應與變革，但是，惠普公司的經驗提醒我們，千萬不要在快速變動中喪失了靈魂。

（後記：由於惠普公司原有非常堅強的文化，菲奧莉納推動組織變革時遇到非常多的阻力。二〇〇一年後，菲奧莉納在透過併購康柏電腦的過程，才透過人員裁減與重組，徹底改造了惠普公司的文化。在菲奧莉納的領導下，惠普公司這幾年的獲利與成長確實有明顯的改善，但許多老惠普員工認爲惠普風範已經蕩然無存。在這個快速變動的時代，究竟什麼可以改變，什麼不能改變，是個難有定論的話題。）

家族企業之死

一九九五年，我曾根據中華徵信所在一九七〇年所評定的前二十五大民間企業，進行企業的接班研究。結果發現，在這二十五家企業中，有二十三家企業的創業家已經或正在將事業傳給自己的孩子。這樣的結果驗證了一般人的看法，認爲我國企業多屬家族企業，其特徵之一是事業傳承限於自家血親。但是，我當時的研究是以一九七〇年的大企業爲分析主體。我們如果來預測今天台面上的大企業，未來事業的主導權將如何傳承，或許會發現有不少企業已經根本擺脫了傳統家族企業的特性，企業經營者將事業傳承給自己子女的可能幾近於零。

家族企業無所不在，並非華人企業特色

舉例來說，台積電、宏碁、聯電都是這一、二十年才興起的民間企業，他們有哪家企業的經營權會由目前的領導人傳給他們的後代呢？在金融服務業，如國泰人壽、富邦、和信等集團，都已有相當的歷史，企業家的第二代固然都將克紹箕裘，但是，第三代可能接班嗎？不少新興大型企業的領導人都曾表示，他們不願意他們的企業成爲家族企業，絕不會將棒子傳給自己的家人。其實，即使他們想要這麼做，也未必有這個能耐。這樣的轉變說明傳統家族企業形式生存的空間，將愈來愈小；也說明我國現在仍然強勢的家族企業，不過是經濟發展過程的一個過渡現象。

其實，家族企業是古今中外最普遍的企業形態。創業家在缺資本、人才的條件下，憑藉家人的合作創立事業，可說是天經地義的事情。許多論者認爲，華人企業的特色之一是家族企業，但外國企業也多以家族企業爲主。即使到今天，國際知名的大公司如美國福特汽車（Ford）、摩托羅拉（Motorola）的董事長，仍是企業創辦人的後代，德國、瑞典等國的許多大公司如西門子（Siemens）、ＢＭＷ、ＡＢＢ的主要股權持有者，也仍是創業家族，可見，家族企業是無所不在的。

大型上市公司不容易把事業傳給自己家族

然而，社會變遷的結果，使得家族的規模、向心力與影響力都在衰退之中。創投公司等協助創業的專業組織的出現，也使得創業過程所需的資金、人才、技術等組成過程，愈來愈專業。員工入股分紅制度的普遍實施，以及企業競爭的專業要求，創業家族勢必要面對所有權與經營權的分離趨勢。在未來，小型企業當然都還可能由夫妻、兄弟或父子主導。但是，大型上市公司因爲股權分散，領導人想要依循傳統，把事業傳給自己家人，幾乎是不可能。擁有香港最大的集團長江實業以及和記黃埔的李嘉誠，顯然要把事業傳給他的兒子；世界最大的媒體公司（News Corp.）創辦人 Robert Murdoch ，也會把事業傳給兒子。但是，他們擁有的公司股權夠大，創辦人雖然把事業交給第二代，重要經營階層仍是專業經理人爲主，外人當然不能置喙。

我們必須承認，民主如美國，仍有政治家族，布希父子都擔任過美國總統，就是最好的說明。生長在政治家庭的小孩，從小耳濡目染，加上父兄能給予的人脈與資源，他若有意從事政治，當然要比別人有更好的優勢。同樣的，企業家族的存在毋寧是個正常的現象，企業家第二代若是有意從商或繼承家業，也有一定的優勢。但是，隨著人類社會結構的改變，知識創新的速度愈來愈快，家族力量衰退是個必然的現象。可以預見，家族主導商業活動的時代，終將成為過去。

創業家的兩難：成也蕭何，敗也蕭何

「成也蕭何，敗也蕭何。」許多企業的崛起是因為創業家，但後來的失敗，也因為創業家。任何企業在一開始設立與發展時，都需要有能力、有理想的創業家，但企業成長到一定程度之後，或者企業面臨劇烈的環境變化時，創業家受限於經驗格局，未必有能力繼續經營。此時，企業應該選任更適任的經營者來取代創業家，創業家若不願意退位或改變角色，將成為企業發展的絆腳石，而導致企業的失敗。

不適任的創業家應懂得適時退位

十八世紀時，法王路易十四曾說：「朕即國家。」許多創業家對他所創立的企業，也有類似的心態，分不清自己與企業之間的關係，認爲自己就是企業，企業就是自己。這種個人與企業不分的心態，在企業發展初期，固然是創業家全心全力爲企業打拚的動力，但絕對是日後企業發展的障礙。

事實上，當企業成長到一定程度，幾乎都會有衆多股東，這時候，這家企業已經不是創業家的企業，而是所有股東乃至於員工的企業。因此，企業必須爲全體股東與員工的利益著想，究竟什麼樣的經營者對公司最好。如果，創業家已經不適任，就算他仍是公司最大股東，也應該退居成爲單純的投資者。許多法人投資者在投資新興企業時，最關心的一個問題，就是創業家在日後會不會適時退位。曾經是世界第二大電腦公司的迪吉多（Digital）公司的成功，是因爲創辦人肯・歐森（Ken Olsen）的創新能力、經營洞見與堅持工程技術的精神。但是，迪吉多公司後來的失敗，也是因爲歐森在位太久，無法隨環境轉變經營策略，導致迪吉多公司最後回天乏術，而售予康柏電腦。

不要誤認爲自己就是王永慶、郭台銘第二

當然有不少創業家，如台塑集團的王永慶、鴻海精密的郭台銘都把企業帶到國內最大企業的規模，他們能隨著企業成長的精神與能力，令人佩服。然而，每個人的才性不同，並不是每個人都如王永慶、郭台銘，許多企業後來無法存續，就是創業家誤以爲自己可以成爲王永慶。華碩電腦的創辦人童子賢就是在企業發展到一定程度後，能請到施崇棠主持華碩電腦，該公司才有今天的成就。二〇〇四年初，華碩電腦的創辦人之一謝偉琦退出公司董事會，並且發表聲明，公開譴責施崇棠剛愎自用。或許，施崇棠也要認眞思考他是否應該退位或轉換角色了。

經濟快速成長時，經營企業成功未必靠眞本領；經濟衰退時，還能成功才是本領

記得幾年前，有一本暢銷書——《理財聖經》分析台灣股市的成長經驗，告訴讀者要根據九字箴言買股票理財：隨時買、隨便買、不要賣。由於台灣的經濟每年以近百分之十的成長率成長，所以一般企業也都順勢成長，股價自然會上揚，股民當然也會發財。類似的理論也可以用來說明台灣過去的企業經營。

在台灣經濟起飛的階段，資本市場寬鬆，工資低廉，因此，企業經營的成本相對較低，隨時做、隨便做都可能賺錢。台灣的製鞋業、拆船業、建築業、鋼鐵業幾乎都經過這種隨時做、隨便做都賺錢的階段，也曾經造就許多企業英雄。因此，在經濟高速成長時，九字箴言的理財原則確實有其道理。在那樣的環境下，在股市賺錢不算本領，但在近幾年股市疲弱不振的環境下，如果股民還能在股市大賺其錢，才是眞本領。

同樣的道理，在過去經營企業成功未必眞有本領，如果在這幾年惡劣的產業環境下，企業還能成功，才是眞本領。目前的中國大陸，就類似台灣早期經濟起飛的階段，許多企業領袖看似很有成就，但是是否眞有經營本領，還很難論斷。

創業家要重用專業經理人，並培養接班人

其實，創業家之所以成爲創業家，都有反體制、反規則的基本特性。創業家一定是勇於挑戰權威、不愛遵守規則的人，否則，他就不會出來創業了。創業家一定是愛冒險、不服輸的人，因爲創業就是一種冒險行爲。創業家一定是具有高度自信與霸氣的人。創業家既然已經成「家」，表示其創業的歷程，經歷克服過許多困難，自然會有一定的自信與霸氣。

然而，當企業成長到一定規模，其所面臨的經營環境日趨複雜，風險也益形增加，創業

家不可能再用過去的方式做決策。這就好像一個船老大，可以憑藉目視、經驗與隨機反應來開遊艇，但絕對不能用同樣的方式開大郵輪。不幸的是，創業家通常就是因爲具有開遊艇的行爲模式，才會創業成功，要創業家轉型成爲開大郵輪的船長，何其不易！有鑑於此，當創業家創業有成，一定要適時引入專業經理人，協助他們建立系統、程序、規則以及機制。同時，他們也應該努力地尋找合適的接班人，適時退居第二線，轉換角色。問題是，創業家的創業性格能夠如此轉型嗎？

樹立光榮退休的典範

媒體曾訪問台塑集團董事長王永慶的長子王文洋，提及王永慶的接班問題。王文洋回答：「台塑集團沒有接班問題，我父親的身體很好，可以活到一百多歲，屆時，我也已經六、七十歲了，何來接班問題。」這讓我想到全球最受推崇的企業領袖——美國奇異公司董事長兼執行長威爾許。威爾許在擔任奇異公司負責人長達十八年之久後，已於二〇〇一年九月退休，當時他只不過六十五歲。威爾許在擔任負責人期間，年年創造高成長、高績效的業績，以他的績效與健康而言，再繼續做個三、五年也未必有什麼問題，但他爲什麼仍要退休呢？

歐美對企業負責人有適齡退休的規約

美國有反歧視年齡的規定，除非是特殊行業（如機師、軍人等工作），雇主通常不可以強迫員工屆齡退休。但絕大部分歐美的大型企業對於公司負責人，都有強迫退休年齡的規約。這個規約可能是明文規定，也可能沒有具文的隱性契約（implicit contract）。當公司負責人的年齡到某一年紀之後（大都是六十五歲），不論他的績效多好，都必須退休。很顯然的，這樣的規約很可能迫使績效良好的企業領袖過早退休。例如，威爾許顯然就還可以好好地再表現幾年，但企業爲什麼仍有這種規約呢？

雖然每個人的老化年齡有所不同，很難說什麼年齡是非退不可的臨界年齡，硬性統一的規定似乎並不合理。然而，公司領導人是如此重要，又如此有權力，假如不硬性規定一個年齡，就有可能碰到死不承認自己心智體力衰退的領導人，這對企業的制度維持、決策品質以及後繼人才的培養，絕對是弊多於利。史上有太多年輕時英明有爲、老年昏庸誤國的君王，可以證明。同樣的道理，威爾許固然可以再多做幾年，但是，此風一開則是因人而壞制度，對奇異公司長遠的影響，絕對是弊多於利。

爲公司找到適當的接班人後光榮退休

企業領導人的成就，不只在於他任內的表現，也在於他是否能找到適當的接班人，光榮地退休。想要對歷史負責的企業領袖，應該知道何時急流勇退。前克萊斯勒汽車（Chrysler）的知名董事長李・艾科卡（Lee Iacocca），把該公司從瀕臨破產，拯救成一個高績效的公司，艾科卡也因而一度成爲美國人的英雄。但是，他卻不肯屆齡退休，被董事會逼退之後，曾經企圖聯合其他資本家重新入主克萊斯勒，艾科卡的一世英名也因此有所玷污。迪士尼的執行長艾斯納擔任迪士尼的執行長達二十年之久，卻一直沒有培養接班人，並在二〇〇四年的股東大會受到高達百分之四十四的股東反對。可見，在位太久、不肯培養接班人並適時引退，是許多企業領導人的通病，必須透過制度規範。

宏碁集團董事長施振榮一再宣布要在六十歲退休，鴻海精密的郭台銘也宣布要在五十八歲時退休。日後，他們若眞做到了，將在華人企業史上樹立另一個令人尊敬的典範。寫到這裡，不禁想起在事業與愛情正處於高峰的台積電董事長張忠謀，已經七十多歲的他，是否也該樹立退休的典範了。

四、組織學習

如何選讀管理書籍？

現代上班族想在職場上擁有強而有力的競爭優勢，具備嫻熟的管理知識準沒錯。不過，面對琳琅滿目的管理書，從哪裡切入閱讀較能收事半功倍之效呢？建議可從以下幾個重點著手，如「主食類管理書：先選讀一本基礎管理入門書後，再去閱讀與市場行銷、財務管理方面的書」、「思想類管理書：多讀中西方政經方面古典名著」、「工具類管理書：可選讀口袋型入門參考書」、「消遣類管理書：多閱讀可發人深省的管理小品」。

在這個商業時代，管理知識儼然成爲每個現代人的生存工具，管理書籍在浩瀚的書海裡，也因此占有獨特的強勢地位。不管你的專業或興趣是什麼，基本的管理知識成爲生存的必要常識，尤其有嫻熟的管理知識變成是有利的競爭優勢，因而懂得如何閱讀管理書籍，則是擷取管理知識的重要途徑。

基本的管理知識成為現代人生存必備常識

《網路與書》的發行人郝明義曾發表過〈給頭腦的四種飲食〉一文，其根據人類飲食需要的分類，把閱讀分為四類：第一種閱讀，是為了知識的需求，很像可以吃飽的主食，這一類的書主要是指為了維持生活與工作所必需的基本書籍。第二種閱讀，是為了思想的需求，很像補充蛋白質高營養的飲食。第三種是為了參考閱讀的工具需求，很像是為了幫助消化的蔬菜水果類飲食。第四種是為了消遣需求，像是甜點零食類的飲食。郝明義把這一類的書定義在工具書或參考書的範圍。接下來，我就根據郝明義的四種分類逐一討論相關管理的書籍，以及閱讀的方法。

主食類管理書：先接觸一本基礎管理學入門書後，再去看與市場行銷、財務管理等方面的書

在管理領域的第一種書籍，就是教科書或因為環境時代需求，而產生的介紹性、導論性著作。管理學門的主要次領域可以區分爲人力資源管理、行銷管理、策略管理、財務管理、生產管理、資訊管理、科技管理等，這些次領域都有入門教科書。然而，市面上有許多中英文教科書，我們又該如何選讀呢？這當然要看讀者的需求，有些讀者可能需要比較多的財務知識，有些讀者可能需要比較多的策略知識。如果讀者沒有任何的管理學基礎，我建議讀者應該選讀一本基礎的管理學作爲入門書，坊間大同小異的管理學教科書實在很多，讀者任選一冊研讀都好，但最有名的應該是羅賓斯和庫爾特（Stephen P. Robbins & Marry Coulter）合著的《管理學》（華泰文化出版），至於中文的管理學著作也都是以美國管理學教科書爲架構，內容大同小異，只要讀者看得順眼、讀得順口都好。美國哈佛大學教授瓊安·瑪格瑞塔（Joan Magaretta）在二〇〇三年出版的《管理是什麼》（天下文化出版），是一本言簡意賅的入門管理書，也值得初學者研讀。

有了管理學入門教科書的基礎之後，讀者可以視需求而自行研讀各類的管理相關教科書。但在優先次序上，我建議讀者先選讀有關市場行銷以及財務管理方面的書。

商業的本質是藉著滿足顧客需求而獲取利潤，市場行銷是研究理解顧客需求的學問，所以，讀者應該優先選取這方面的書。在行銷管理方面，最廣爲流行的教科書就是菲利普·科特勒（Philip Kotler）的《行銷管理》（曉園出版），科特勒還寫過許多行銷管理相關的書籍，如《都市行銷》、《非營利事業行銷》等，都是值得研讀的好書。商業運作的邏輯奠定在資本的運作與流動，財務管理的知識自然是管理不可或缺的基本工具。比起一般管理而言，財務管理似乎比較枯燥深奧，但我們若只要一些操作用的基本概念，並不困難。坊間比較流行的教科書，有陳隆麒著的《當代財務管理》、姜堯民編譯的《現代財務管理》等，讀者可以到販售大學教科書的書店（如台灣大學、政治大學附近的書店）比較幾本教科書後，選讀一本即可。如果要再通俗易懂的書，勤業衆信會計師事務所出版的《如何閱讀財務報表》是很好的入門書。此外，遠流出版以及商周出版等公司也有出版一些通俗易懂的入門財經書，都可以作爲主食類的管理書籍。

思想類管理書：可選讀中西方政經方面的古典名著

第二種書是有深度的思想性書籍。管理學是很應用的學問，許多人甚至認爲是技術性的末流之學，但管理學作爲一個學門，當然有其發展的淵源，與經濟學、政治學、社會學、心理學等重要社會科學領域，乃至於哲學都脫離不了關係。由於管理學成爲獨立的學門不過是近幾十年的事，所以，管理領域缺乏具有深厚思想內涵的書，而必須上溯到社會科學基礎學門。誠如郝明義的定義，思想性的書籍有如高營養的飲食，可以幫助食用者長得更高、更壯，讀者若是能對這方面的書籍有所涉獵，可以大幅增強管理知識的吸收能力與批判能力。這一類的書主要應包括中西方在政治與經濟方面的古典名著，如中國的《論語》、《孟子》、《老子》、《莊子》、《貞觀政要》、《資治通鑑》，西方的《柏拉圖對話錄》、《國富論》、《君王論》等。

時下許多管理書籍的觀點都只是跟流行，用很短暫的時間判讀企業經營之道，立論多禁不起幾年時間的考驗。最有名的例子，大概就是大約十五年前出版的《追求卓越》（*In Search of Excellence*）這本書了。作者在書中提到十家卓越企業，後來有一半以上都成爲不卓越的失敗企業。但是，由於《追求卓越》成爲數一數二的暢銷書，使得該書作者之一湯姆·彼得斯（Tom Peters）成爲最受歡迎、價碼最高的管理大師，所以，這本書也開啓了管理時尚書籍的市場。

過去十多年來，管理相關的書籍有如風尚服飾，每年都有新的流行管理理論出現。如果讀者有足夠的社會科學訓練，將會發現許多流行的管理理論不過是新瓶裝舊酒，眞正具有革命性新意的管理理論實在很有限。以目前流行的知識管理爲例，其中有個重要觀念是默會知識（tacit knowledge），認爲有一類知識是無法書面或口語化，而必須透過師徒制或體驗的方式學習。這個觀念近幾年常常被管理學者提起，但是，社會科學家麥可·波蘭尼

（Michael Polanyi）早在一九五八年就已經提出這個觀念。如果讀者早有默會知識的觀念，自然就比較容易掌握知識管理所討論的重點，也不會把默會知識當作了不起的新觀念而隨風起舞。因此，讀者若能對社會科學的經典著作有所涉獵，有助於解構時尚管理觀念。以解構的態度討論管理時尚的書籍中，比較有名的兩本書是《超越管理迷思：重新探索管理眞諦》（天下文化出版）以及《企業巫醫：當代管理大師思想、作品、原貌》（商周出版）。在管理領域中，我會特別推薦兩位大師的著作，一是彼得．杜拉克（Peter Drucker），另一位是亨利．明茲伯格（Henry Minzberg）。管理大師杜拉克的許多作品容易讀且深具啓發性。他所著的《有效的經營者》雖然已經超過三十年歷史，至今讀來，仍饒富啓發內涵。另外，《天下》雜誌在二〇〇二年把杜拉克在三十年前所著的管理學入門書，分成三本出版，分別是：《管理的使命》、《管理的實務》以及《管理的責任》，這套書既可以歸類成管理學的入門教科書，也可以被認定爲高營養蛋白的思想類書籍。

明茲伯格是位深具批判性格的學者，其成名的經典之作，就是改寫自他在一九七三年發表的博士論文 *The Nature of Managerial Work*，根據這本書的發現，經理人在時間運用上是很零碎片段，常常被打擾，並不是我們一般所認定的很理性、很有計畫地從事管理工作。基本上，明茲伯格挑戰管理是理性的基本假設，讀他的作品可以讓我們有更多的反省。

管理的本質在管理人的問題，大至平天下，小至修身都是與人有關的管理問題。政治經濟的古典名著雖然多不是針對現代企業而立論，而大都是領導統御有關的帝王術，但其中所蘊涵的管理思維，讀起來常有歷久彌新的味道。近年來，《孫子兵法》受到美國軍事將領的重視，就是一個很好的例證。古人說：「半部《論語》治天下。」用治天下的學問，用來治企業，豈不是殺雞用牛刀?企業經營者要有遠見願景，當然不能止於殺雞。在無止境的競爭環境下，企業若不能成長進步，就會被淘汰出局，所以，知道如何運用牛刀是企業與企業經營者升級的必備要件。事實上，現代大企業所擁有的規模、資源與權力，已經遠超過一般國家政府了，用治天下的學問治企業並不爲過。

當一個企業經理人做一個看似很輕鬆的決定，卻可能造成嚴重的後果。所以，企業經理人必須用嚴肅的態度做決策，他的人生觀、價值觀是影響企業決策最關鍵的因素。人不能沒有思想沒有靈魂，同樣的，企業也不能沒有思想沒有靈魂。大塊文化出版的《亞里斯多德總裁》，譯筆流暢，是一本能讓企業思考尋找靈魂的書，深刻卻易懂，值得一讀再讀。

工具類管理書：口袋書可以作爲入門參考書

第三種閱讀指的是參考閱讀方面的書籍。管理領域中並沒有一本或一套有如《大英百科全書》或《牛津字典》之類具權威性的工具書。但是，有些口袋書倒是可以作爲入門參考書。例如，《紐約時報》、《華爾街日報》、《英國經濟學人》等知名書報公司都有出版企業管理的口袋書。這些書可以作爲閱讀參考工具書，也可以當作入門教科書，不易截然畫分。新自然主義出版社在二〇〇一年與中山大學管理學院合作，譯介一套由《紐約時報》編譯的《MBA隨身書》，可能是比較完整的工具類套書。

由於管理知識的更新速度很快，許多觀念才印成書，就已經過時。因此，我們必須大量的依靠網站以及期刊的即時資訊。在期刊方面，最有名、最有地位的當然是《哈佛商業評論》，每期都有一、兩篇很精彩的文章出現，現在已經有中文版發行。另外，由國際知名的麥肯錫管理顧問公司所出版的《麥肯錫季刊》可以免費在網路閱讀下載，所刊登的文章比起《哈佛商業評論》更接近眞實世界。我個人則特別喜歡哈佛商學院在網路上所發行的"Harvard Business School Working Knowledge"（http://workingknowledge.hbs.edu），每周一期，不但有最新的管理文章摘要，同時也有新書與相關網站的介紹，非常實用。至於中文期刊方面，《天下》、《遠見》等知名雜誌每期也都會翻譯刊登一、兩篇國際重要管理雜誌的精彩文章。但純就管理參考知識而言，我個人最喜歡《EMBA世界經理文摘》，此雜誌除了譯介一些西方以及日本的重要管理期刊論文之外，也有一些本國管理專家的論述，可以讓讀者很快地掌握最新的管理趨勢與觀念，同時在落實管理本土化方面的用心也很深。

如同一般閱讀，書摘、書介是重要的參考資料，幫助我們選讀重要書籍。在西書方面，*Soundview Executive Book Summaries* 是一份很有用的書摘雜誌，讀者可以從這份書摘中知道最新的出版消息以及書摘，其他像《華爾街日報》、《金融時報》、《經濟學人》等報章雜誌也都常有平實的書評，是重要的參考來源。至於在中文方面，前段所提的雜誌之外，《經濟日報》、《工商時報》、《商業周刊》、《今周刊》等都有書評，問題是國人的許多書評是應景應情之作，權威性與批判性不足，究竟有多少參考價值實在很難論斷。我的選書策略很簡單，不跟流行。好書應該禁得起時間與空間的考驗，所以，當一本書能夠歷久不衰，或者被很多人討論時，我才會去選讀。

消遣類管理書：閱讀管理小品可發人深省的管理智慧

至於屬於零食甜食類第四類書籍，更須視個人口味所好而定。絕大部分管理書籍給人硬梆梆的感覺，必須正襟危坐才能理解吸收。但也有不少管理小品，讀來輕鬆愉快，同時又隱含著發人深省的管理智慧。在這一類書中，最有名的大概是《呆伯特法則》，又如《誰偷了我的乳酪》等，應該都屬於消遣類管理書籍吧！此外，國內也有些管理專家學者（如許士軍、司徒達賢等）的管理小品選集，應該都是值得閱讀的管理小品。這一類的書既然是用來幫助消化的小品，自然就不必太認眞，可以擺在馬桶邊，風吹哪頁讀哪頁。能從書中吸收新觀念固然很好，要是無法從書中看出什麼驚人的道理，既然是零食甜點，就算是打發時間，又有何妨。

消遣性管理讀物中還包括知名經營者的傳記以及歷史小說，畢竟，讀成功人物傳記以及小說，的確有如飯後甜點，輕鬆愉悅的樂趣遠超過讀其他正經八百的管理書籍。像高陽的《胡雪巖》系列小說，以及二月河的《淸王朝》系列小說，都可以歸在消遣類管理書籍吧！不過，我認爲以中國歷史爲背景的各種經典、史書或小說都偏向於帝王術，著重在統御、權謀與人際關係，缺乏制度面的討論。西方的卓越企業之所以能屹立百年而不墜，最重要的原因是企業有良好的制度與組織結構。所以，國人不應該讀太多帝王術，應該花更多心力在不因人而異的制度設計層面。

過去幾年來，成功的企業經營者出版自傳或自己的經營心得，十分流行。國際知名企業經營者，例如奇異公司的退休執行長威爾許、英特爾的退休執行長葛洛夫等，都出版了他們的自傳。許多台灣的知名企業領袖，從第一代創業家的徐有庠、張榮發，到知名專業經理人羅益強、嚴長壽，也都出版了他們成功生涯的傳記。每個成功的企業經營者都有其過人之處，他們能夠不吝嗇地與讀者分享他們珍貴的管理心得與成功之例，我們應該善於把握珍惜。但是，許多傳記都有隱惡揚善的缺點，我們可以從這些傳記中得到成功的經驗，卻不容易從這些傳記中吸取失敗的教訓。在林林總總的傳記中，從歌功頌德到平實有見解的傳記都有，在有限的閱讀經驗中，我最喜歡的是虞有澄的《我看英特爾》，該書不僅介紹虞有澄的個人成功經歷，更有價值的是介紹了英特爾的許多管理制度。

活用管理方法有效閱讀管理書籍

管理講求目標與方法，閱讀管理書籍更應該知道現學現用，運用管理方法有效地閱讀管理書籍。筆者提出幾個方向與步驟供作參考：

一、**分配閱讀時間**：管理書不同於文學小說，一般人不容易對管理書產生油然而生的喜悅，閱讀管理書需要紀律，最重要的紀律就是分配一定的閱讀時間給管理叢書，而在這四類書也應該各有一定的時間比率，不能只讀其中一類的管理書。

二、**知道選書**：其實，選讀管理書與選讀一般書的道理一樣，須依靠各種書摘、期刊或各種評選。例如，亞馬遜網路書店的好書評選或讀者評選、報社舉辦的年度好書選，以及經濟部中小企業處推薦的年度「金書獎」等，都可以參考。

三、找人合作讀書：知識的創造來自分享。幾個人各自擁有一定的知識，在相互討論下可以激盪出更多、更新的知識。所謂「獨學而無友，則孤陋而寡聞」。管理知識日新月異，透過與人合作讀書，可以更有效率地吸收新知。

四、思考與應用：目前的管理書以翻譯爲主，好的中文作品十分有限。因爲風土人情的差異，要把外國管理理論全面移植到國內這塊土地，確有窒礙難行之處。讀者一定要知道各管理理論後面的基本假設以及應用範圍，胡亂應用書中道理，未見其利，先受其害，所謂「盡信書不如無書」是也。

五、善用PDCA：品質管理所運用的四個步驟：計畫（Plan）、執行（Do）、檢討（Check）、行動（Action）也可以應用在閱讀方面。我們先規畫一下我們想要讀的書，想要達成的目標，用什麼時間方法來讀這些書。然後，我們就照計畫執行，在執行的過程中，我們應該不斷地檢討，修正我們的閱讀內容或方法。

最後，我要特別強調，管理知識是應用實踐之學，再多的管理知識，若是不去應用或不知道如何應用都是枉然。或許，現在是讀者放下管理書籍，開始實踐所學所讀的時候了。

沒知識談什麼知識管理

有效的儲存、管理、產生、分享知識，是知識管理的基本精神。自有人類社會就有知識管理，否則的話，我們怎麼看得到、讀得懂兩、三千年前的文獻典籍呢？但由於資訊科技的發展，使得知識管理的效率大大增加，因而近年來知識管理這個名詞乃成爲工商界最爲流行的用語，大家不難發現很多企業都口口聲聲地說要導入知識管理系統。然而，這種跟風的現象不禁讓人感到困惑。

先診斷企業本身擁有什麼知識

記得十多年前，企業界在流行電腦化時，都知道企業作業流程要先合理化才能談電腦化。同樣的，現在企業界也應該先診斷一下，究竟我有什麼知識、目前是如何儲存、管理、產生、分享這些知識，才夠資格討論運用資訊科技進行知識管理。若是一家企業原本沒有知識，或者沒有知識管理的基本架構，又憑什麼談知識管理呢？企業在建構知識管理系統之前，可以照以下的步驟進行相關的診斷：

一、企業應該問，自己是否是個有利於知識創造的企業

主管以及員工之間是否有足夠的時間與機會互動、分享、學習。如果沒有或是不足，企業先進行自我改善，把自己變成個更有利於創造知識的企業。目前管理理論所流行的學習型組織，其重要工作就是要把企業變成一個有利知識創造的主體。

二、企業必須先了解自己能夠超越對手的競爭優勢所在

在知識經濟時代，這個競爭優勢一定要與知識有關，企業才有高附加價值。鴻海精密雇

用兩百多位律師，其主要目的是保護企業自己的專利或智慧財產。我們可以說，鴻海精密的競爭優勢之一，就是專利的開發與保護，所以該企業會雇用這麼多位律師，就是知識管理的具體作爲。

許多創業家主導的企業，其最重要的競爭策略與優勢都在創業家的腦袋裡，創業家透過多年的經驗，可以用直覺做出很多正確而重要的策略判斷。

創業家的經驗與判斷邏輯，可以說是企業最重要的知識，但是，這些知識幾乎都是難以言喻的默會知識（tacit knowledge），對於創業家主導的企業而言，最重要的知識管理應該是有效地儲存創業家的知識。

三、企業要問，這個競爭優勢要如何維持？是否可以書面化？

例如，日本新力公司的競爭優勢是產品縮小化（miniaturize），把許多重要的家電產品縮小到方便使用，像隨身聽、隨身攝影機（Camcorder）等。新力公司能夠多次成功地完成產品研發以及縮小工程，其內部一定有一套產品縮小的開發流程。這個流程可以是尚未書面化的默會知識，也可能已經有書面化的外顯知識（coded knowledge）。如果企業要維持這個競爭優勢，要盡可能把這個知識書面化。

四、企業應該問，內部組織運作的過程是否能合理嚴謹地管理相關的文件

這方面可能是我國企業在知識管理上最需要改善的地方。舉例來說，許多公司早期的董事會紀錄早就不知去向，遑論其他重要的產品或市場資訊。所幸資訊科技的發達，許多企業已經開始進行電子文件、無紙化作業等辦公室電腦化工作，這對企業在進行資訊、文件檔案等知識相關訊息的保存與整理，將有很大的助益。

五、企業是否愛惜資深員工擁有的默會知識

前幾年流行企業再造，許多國際企業進行大規模的人員裁撤，許多工作改用外包來降低成本。但是，這些企業後來卻發現，在公司決策與生產的流程中，中階資深員工看似沒有實際價值，卻擁有許多隱性知識，使得企業的生產流程更順暢。

當這些員工被裁撤之後，企業在表面上省了些人事成本，但實際營運的成本反而增加。更糟糕的是，許多企業的隱性知識都隨著這些員工的離去而消失。

這就好像以前在部隊裡有很多老士官長，這些老士官長是讓部隊得以正常運行相當重要的關鍵，當他們逐漸凋零離去之後，部隊在面臨許多特殊的情況時，是否能運行如常，實在

令人懷疑。因此，當企業在從事知識管理時，一定要有系統地萃取留存在資深員工的知識。

總而言之，許多企業在跟風追求最時髦的管理技能時，應該先問自己的體質是什麼。胡亂抓藥進補，只會未見其利，先蒙其害。

知識管理一二三

知識管理是管理理論的當紅炸子雞，無論是理論或實務工作者，幾乎是人人傳誦。但是，就如老子所說：「天下皆知美之爲美，斯惡已。皆知善之爲善，斯不善已。」當每個人都在高喊知識管理的重要時，卻也最有可能是知識管理最容易被誤解、誤用的時候。

知識重在透過人的理解與掌握

在談如何進行知識管理之前，我們應該先討論什麼是知識。當資訊經過整理並可以產生市場價值時，才可以稱之爲知識。假定某一企業擁有大量的客戶資訊，但並沒有從這些資訊中理解出商機，那麼這些資訊就不是知識。但假如企業能夠從這些資訊中看出商機，這時候資訊就轉換成知識了。透過管理方法，讓知識能夠有效地儲存、傳播、生產（或創新），稱之爲知識管理。這裡我要特別強調，知識必須透過人的理解與掌握，沒有人的角色就沒有知識。

事實上，從有人類社會以來就有知識管理的議題，例如，中國民間所承傳的中醫知識，就沒有一套完善的知識管理系統，以至於中醫知識的傳承與創新遠不如西醫。但爲什麼這十年來，知識管理會成爲這麼熱門的話題呢？

這有兩個重要原因。第一個原因與資訊科技的發展息息相關。由於資訊科技的進展，資訊與知識的儲存、傳遞或交換的成本大大降低，人們因而可以接收前所未有的豐富資訊與知識，至於如何有效地管理這些豐富的資訊或知識，也就成爲重要的議題。第二個原因則是經濟發展趨勢的改變。傳統經濟生產要素中的土地、資本、勞力都愈來愈不重要，知識才是最重要最有價值的要素，雖然這個知識可能依附在某一個人身上，也可能可以透過資金取得。早在三十多年前，管理大師彼得・杜拉克就曾提出知識工作者的概念，一直到現在人們才真正體會知識工作者的價值。

知識管理必須掌握六個具體步驟

企業進行知識管理的具體步驟如下：

一、分析了解企業目前所擁有的知識是什麼：任何企業的運作都有知識，只是這些知識的價值各有不同。例如，同樣是賣漢堡的麥當勞與漢堡王，這兩家公司生產漢堡的流程不盡相同、採購原料的方式不盡相同、公司管理的制度也不盡相同。因此，這兩家公司雖然都生產、販賣漢堡，但所擁有的知識不盡然相同。企業經營者應該分析了解企業所擁有的知識，與其他企業的異同。

二、這些知識中，哪些屬於企業的核心競爭力？是否具有競爭價值：了解自己所擁有的知識之後，企業經營者應該檢討這些知識的價值，是否已經充分地將知識轉化成商機或競爭優勢。舉例來說，日本在一九八〇年代的競爭優勢，在於掌握了零庫存、及時生產的知識。但到了一九九〇年代，美國企業也掌握了這些知識，同時，更知道發揮其知識創新的能力，於是，日本企業的競爭力就逐漸喪失。台灣企業在過去善於運用企業間的生產網絡關係，這也是一項重要的競爭知識。但是，由於產業外移大陸的風潮，已經逐漸摧毀這項競爭知識的基礎。

三、如何有效地儲存既有知識：由於資訊科技的發展，企業可以很有效率地將企業所產生的所有資訊儲存，進而再將資訊轉化成知識。例如，惠普公司就有一套系統，把他們過去所有有關產品的服務、維修、處理結果記錄下來，這套系統就是充分利用資訊科技的產物。一般來說，企業會持續不斷地面對很多問題，並須針對這些問題開很多的會，然後在開會後做出很多的決定。可是很多的企業連會議紀錄都做不好，更遑論會議紀錄的保存。所以，任何粗具規模的企業都應該先把企業的一些基本資料，如會議紀錄、客戶資訊、員工資訊等，利用現代資訊科技做完善有效的儲存。此外，儲存知識的方法也是一個重要的議題，否則的話，就好像一本書被隨便地放置在圖書館的眾多書籍之中，使用者要如何找到它呢？沒有好的儲存系統，儲存的知識也將難以重現。

四、如何有效地傳遞既有知識：知識儲存之後，若無法或無人將它傳遞出去，那就枉費知識儲存的意義了。企業需要運用很多技巧，鼓勵員工傳遞知識。這就好像學校要鼓勵老師、同學善用圖書館一樣。企業在建構知識管理系統時，應該要創造知識分享的平台與環境。舉例來說，員工有任何新構想或某些經驗想要分享時，是否可以輕易地透過網路或某種形式播放出去？員工有困難要解決時，是否可以很輕易地找到公司內部相關人士詢問？

五、如何增加組織學習能力，產生更多的知識：行為要發生改變才稱得上學習，知識管理若是不能改變企業以及經理人的行爲，又有什麼意義呢？在這個強調知識創新的時代，誰能快速產生新而有用的知識，就具有競爭力。因此，組織必須透過一些制度的設計，加速知識的產生。例如，企業可以定期舉辦新產品發表會、參與組織之外的各類知識或訊息交流的展覽會或研討會、鼓勵及獎勵員工發表相關知識等等。

六、如何把知識轉換成商機，接受市場的挑戰：企業有再多的知識、再好的知識，若是無法創造財富，也是枉然。組織必須不斷地反省檢討，究竟我們的知識創造出多少業績利潤。因此，組織必須時時把客戶放在心裡，要不停地問，究竟客戶想要什麼，同時要有系統地分析市場需求。企業甚至要用些激勵制度，讓員工更積極地把知識轉換成商機。

企業若是能夠確實執行這裡的六個具體步驟，再加上前一篇所談診斷企業是否具有知識的五個方法，我相信，所謂的知識管理才有可能創造出組織競爭優勢，並落實成企業績效。

設定目標要SMART

企業經營強調目標管理，但我發現許多企業連目標都不會設定，只會喊一些空洞不實際或打高空不可行的口號。人力資源管理專家布朗漢（Leigh Branham）建議，無論是企業或個人在設定目標時，都可以依據SMART的原則進行。SMART是五個英文字的縮寫，分別是：Specific（具體）、Measurable（可衡量）、Achievable（可達成）、Result-oriented（結果導向）、Time-bound（界定時間）。

目標要具體明白

Specific 意指訂定目標要具體明白，要具象，不要抽象。目標與願景不同，願景可以抽象些，目標則要具象實際。例如，企業目標不應該是「提升經營效能」之類的空泛之言，而是「降低人事成本」之類的具體方向。

目標要可以衡量

Measurable 意指目標應該是可以衡量的。像「降低人事成本」雖然很具體，但沒有衡量的標準。究竟要降低多少人事成本呢？例如，「降低人事成本」可以修訂成「降低百分之二十的人事成本」。

目標要合理可行

Achievable 是指目標要合理可行，不要不切實際，不可能達成的目標，再具體可衡量也沒有意義。當然，究竟什麼目標可能達成、什麼目標不可能達成，與企業雄心有關，有企圖心的企業自然也會設定比較具有挑戰性的目標。以前面降低百分之二十人事成本爲例，要如何做？是否做得到？

目標要結果導向

Result-oriented 指目標要扣緊我們所希望達成的結果，以免做白工。以企業經營爲例，使股東獲得合理的利潤是企業最須達成的結果，因此，企業所有的短、中、長期目標的最後結果，都要與提升企業利潤吻合，否則都不是企業所應努力的方向。例如，降低人事成本之後，若是反而造成企業留不住優秀人才，導致企業生產力下降而降低獲利，那麼降低人事成本就不是結果導向的目標。

目標要界定時間

Time-bound 指所有的目標都應該界定在一定的時間內，才有意義；否則的話，有目標等於沒有目標。例如，「降低百分之二十的人事成本」就不是個界定時間的目標，企業可以在一年內完成，也可以在十年內完成。而「一年內降低百分之二十的人事成本」就是一個界定時間的目標。

SMART 的目標設定簡單易懂，而且很容易實行。問題是，許多企業或部門主管就算根據SMART設定目標，卻未必能落實執行，這涉及的就是執行力問題，應該是另一個重要的管理議題了。

用制度改變行為

常搭北高航線的乘客在台北、高雄兩個機場搭巡迴計程車時，可能都體驗過兩地等車文化的不同。台北松山機場的計程車招呼站，設有讓乘客排隊的欄杆，乘客很自然地就會依序等候計程車。而高雄小港機場的計程車候車處則沒有欄杆的設計，乘客不會、也不知道要如何排隊，計程車也不會排隊。如果你是一位謙謙君子，那麼在尖峰時段，其他等車的人一定會捷足先登地搭上計程車，留下你望車興嘆。記得在十年前，松山機場的計程車招呼站並沒設立排隊欄杆，當時乘客也常常毫無秩序、爭先恐後地搶搭計程車，總要勞駕好幾位警員維持秩序，現場才不至於失序。等排隊欄杆設立之後，即使沒有警員執勤，乘客都能井然有序地魚貫上車。

並不是國人沒有公德心，而是環境制度讓遵守公德心的成本太高

這個例子說明一個簡單的道理：人的行爲受到環境制度影響，爲政者只要多一份巧思，就可能改善人們許多失序的行爲。

人同此心，心同此理，絕大部分人都願意成爲國家的好公民。如果他發現別人也如同他一樣奉公守法，他通常也會奉公守法；反之，如果他發現不守法的人並不會遭到任何損失，反而能享受不守法的方便，那他又何必守法呢？在小港機場等計程車的人，若是嘗試遵守國民禮儀，很可能會抱怨國人沒有公德心，不知道排隊的禮節，老是占他便宜。事實上，並不是國人沒有公德心，而是環境制度讓遵守公德心的成本太高使然。

能讓員工自動自發往企業目標努力邁進的，就是好制度

同樣的，在企業裡，員工的行爲與公司的制度密切相關。許多公司雖然一再強調組織學習，卻沒有任何鼓勵學習的環境與制度，又要怎麼讓員工學習呢？同樣的，現在所強調的管理理念，例如團隊精神、顧客滿意、品質至上，又有多少被具體落實在制度設計上呢？當企

業經營者在抱怨員工不努力、不夠忠誠時，他們應該先問問，員工之所以不如人意，究竟是誰令致之，誰以致之？同樣的員工在不同的制度下，是否會有更好的表現呢？

那究竟什麼是好的環境制度呢？很簡單，能夠讓員工自動自發地往企業目標努力邁進的，就是好的環境制度。更具體地說，這個制度應該有如排隊欄杆的設計，簡單明瞭、透明公開、執行成本低。如果企業沒有好制度，就需要非常多的監督管理人員去要求員工往企業目標前進，這就好像排隊欄杆沒設計，須由員警維持秩序一樣。如果企業有好的制度，自然可以降低執行與監督的成本。企業經營者能否不要再怨天尤人，而是從制度設計上多花一份巧思呢？

（後記：現在高雄小港機場等候計程車的地方也已經加上排隊欄杆，秩序大爲改善了。）

過去式與未來式的經營模式

當我們評斷一個人時，究竟要看他過去的經歷背景？還是要看他未來的潛力希望呢？雖然一個人的未來發展與他過去的資歷有密切的關係，但是著重過去或著重未來的心智模式，對決策有十分重大的影響。同樣的，用過去式還是未來式來經營企業，對企業的投資決策、發展方向也有無以倫比的影響。大致來說，國人習於用過去式經營企業，而西方先進國家（特別是美國）則偏向於用未來式評估事業。

不同的思維模式，對決策會產生莫大影響

舉例來說，產品定價的方式有二：一是根據生產的成本，再加上合理的利潤；另一個方式是根據產品所能產生的市場價值定價，再設法尋找最低的生產成本。前者是過去式的經營思維，後者則是未來式的思維。因爲前者是根據過去的生產成本，去推斷未來的產品定價；而後者是根據未來的市場價格，決定現在的生產成本。從另一個角度來看，我們可以說前者是生產導向定價，而後者是市場導向定價。生產導向是過去式思維模式，而市場導向是未來式思維模式。當然，現在有許多ＯＥＭ廠商是先接單再說，再根據國際大廠所下的定價設法壓低成本。這還是一種過去式的經營模式，因爲在這時候，價格是已經發生的既定條件，生產者是根據這個已經發生的既定條件來經營事業。

再舉例來說，投資者在決定投資標的物的價格時，也有類似的兩種思考模式。過去式的思維會先認定該標的物已經發生的成本，然後根據自己的談判條件加減碼後，決定投資的價格。未來式的思維則會評估該標的物未來的可能效益，再反推合理的投資價格，只要投資的價格能夠產生合理的利潤，就是值得投資的標的物。投資雙方在談判時的基本衝突，常常就是買賣雙方分別處於不同的經營時勢。又，我國銀行在放款時，通常要企業用既有的資產作

爲抵押，而不會根據企業未來的營運收入進行放款信用的評估，可以說也是一種過去式的經營方式。

想擺脫代工宿命，應強化未來式思考模式

前幾年，美國有許多家以網際網路爲經營概念主體的事業，在股市上曾風光一時，吸引投資人搶購的熱潮。這些公司絕大部分都還處在連年虧損，從沒有賺過錢，但是，他們的股市價值卻高達數十億、數百億美元，連帶也造就了許多二、三十歲的億萬富翁。這說明公司股價反映投資者對企業未來的期望。美國能夠產生這麼多高市值的網路事業公司，簡單地說，就是美國的投資者願意用長達五年、甚至十年以上的未來式看企業。

撇開法令、市場、制度等因素不論，假定這些公司在台灣創立，台灣的投資者願意用同樣的未來式評估這些企業嗎？我國股市周轉率高達世界第一，投資者顯然是看短不看長，基本上脫離不了過去式的投資心態。因此，就算網路概念事業能在台灣輕易上市、上櫃，恐怕也不容易藉由股價的增值而產生大企業。

很顯然的，用未來式經營的企業要比只知道用過去式經營的企業高明，因爲評估未來比較困難，風險也較高。這就好像我們在評選世界美女一樣，要在「楊家有女初長成」就知道

這位初長成的女孩未來會是絕世美女，的確很不容易。但相對的，高風險高報酬，未來式經營當然也可以獲取比較高的經營利潤。我國企業若要擺脫替先進國家製造加工的宿命，應該在思考模式上加強未來式的思維吧！

官大學問大

當我們聽一位有社會地位人士的演講時，很容易產生頗有收穫的感受。但是，如果把同樣的演講內容改交由一位名不見經傳的小市民發表，可能會覺得這些內容不過是老生常談，沒有什麼特別意義與價值。如果這個演講是由一位我們所不齒的人講出來，我們可能根本就聽不下這個演講。這種差異是如何產生的呢？

官大學問大是正常的認知結果

從表面上看，演講的內容是客觀存在的事實，不論經由誰的口中念出來，聽者都應該得到同樣的訊息。但是，從聽到懂的過程，必須經過每個人主觀的接受與理解。因此，同樣的內容究竟是誰講出口的，就會有大不相同的效果。這裡的主觀認知包括兩種不同的機制：一是我們認眞注意的程度；另一是我們心理上願意同意接受的程度。當具有崇高社會地位的人士在演講時，我們比較會注意聽，也比較容易接受他所講的內容。除了聽演講之外，閱讀別人的作品也有類似的作用。此間的關鍵是，學問或知識未必是客觀的，而必須經過每個人主觀的認定。

從聽者或讀者的角度來看，「官大學問大」毋寧是一個正常的認知結果。一般人會比較容易注意以及接受大官的看法，又有什麼不對的呢？在多元化的現代工商社會，大官的解釋應該予以延伸爲有社會地位，企業的高階主管、得道高僧、諾貝爾獎得主、知名藝人等各行業有成就的人，都應該算是與傳統社會的大官相當。從個人認知的角度來看，這些有社會地位的人，學問當然也就比較大。許多人立志要做大官，多少也是爲了要爭取受重視的發言權吧！

君子不以言舉人，不以人廢言

在企業內部，員工比較容易同意接納主管的意見，比較不容易同意接納部屬的意見。會有這個現象，並不單純是面子或權力現實問題，也是一種認知心理的正常結果。問題是，有社會地位的人眞的比較有學問嗎？我認爲我們不妨多從事一些「無知面紗」的測驗。當我們聽到或讀到某位聲望卓越人士的作品時，可以假定這位卓越人士是一位你所不知道或看不起的人，你是否仍然用同樣的心情去接受他的內容呢？同樣的，當我們聽到或讀到某位你所看不起的人的作品時，我們也可以把這位人士想像成你所不認識或是你很尊敬的人，你是否會有不同的態度呢？

孔子說：「君子不以言舉人，不以人廢言。」要做到這一點可眞不容易，需要我們從事角色互換的模擬思考，才有可能。所以在企業裡，當我們聽到部屬的意見時，不妨把它想成是主管的意見，當我們聽到主管意見時，試著把它當成部屬意見，如此，企業決策一定會更周延。愈是重大的決策，企業愈應該用這樣的討論、思辨與決策過程。

勤不能補拙

「勤能補拙」可能是師長們最喜歡用來勉勵要求我們用功努力的一句諺語。但勤眞能補拙嗎？這實在要看我們怎麼定義勤與拙。用現代管理的觀念來說，「勤」可以定義成在既定的工作目標與方法下，在一定時間內所輸入（input）的勞力多寡，勞力夠多則稱爲勤。「拙」則可以定義成工作的目標與方法是否正確，不夠正確則稱之爲拙。在這樣的定義下，我們可以肯定地說：「勤不能補拙。」

不聰明卻很努力的員工就是沒有方法、沒有目標的工作，不但不能成事，反而會壞事

台灣知名的科技女傑、台灣惠普公司的董事長何薇玲認爲，員工有四個等級：第一級是既聰明又努力；第二級是很聰明但不努力；第三級是不聰明也不努力；第四級則是不聰明但很努力。

我想大家都會同意既聰明又努力的員工的確應該被歸爲第一級員工，但一定很難想像其他三級員工的分法。其實，聰明與否就是做事是否有正確的目標與方法，不聰明就是前面所說的拙；而努力與否就是前面所定義的勤。聰明而不努力的員工能夠掌握工作的方向與方法，雖然可以更努力些，但是至少他是往正確的方向前進。不聰明卻很努力的員工就是沒有方法、沒有目標的工作，不但不能成事反而會壞事。至於那些不聰明也不努力的員工雖不能成事，倒也不至於壞事。所以，何薇玲對員工的分級方式，的確有她的道理，而她的看法正好印證我這裡所說的勤不能補拙。

勤的功能不在補拙，而在比速度

從企業運作的立場看，拙就是指公司的定位不正確，執行方法不當。套用管理術語來

說，就是既沒有效果（effectiveness）又沒有效率（efficiency）。試想，在不正確的工作目標與方法下，員工再多的努力都不會有滿意的企業績效，這樣的勤要如何補拙呢？如果目標明確、方法正確，那麼勤確實會比較快達到目的。因此，勤的功能不是在補拙，而是在比速度。

在快速變化的現代經營環境，勤的確有其重要性。然而，當企業無法達到預計目標時，卻一味地怪罪員工不夠努力，而不知檢討企業的定位與執行方法，要因此改善企業績效，恐怕只是緣木求魚。我相信許多公民營企業，就是誤以為勤能補拙，而終將被市場淘汰。

或許有人會問：「我天生就比較笨，你又說勤不能補拙，那要我如何是好呢？」依據這裡的定義，聰明是可以用「勤」來學習補強的，只要肯用心學習各種管理的知識與技能，肯用心思考，做事自然就有好方法，又何患自己不夠聰明呢？

員工學習要針對需求

學習有四個階段：一、不知無知：不知道自己無知，所以也無法學習；二、自知無知：知道自己無知，所以會願意學習；三、自知有知：知道自己具有知識，所以會知道如何運用知識；四、不知有知：不知道自己具有知識，這是學習的最高境界，對知識的掌握運用已經融入日常生活或工作習慣之中。許多企業員工不知道自己處在什麼階段，希哩呼嚕亂學一通，似乎有違強調效率的管理本質。

依員工對「知」的不同，施以不同的學習方法

現代企業都知道要針對個別顧客的需求或偏好，展開所謂的一對一行銷或顧客關係管理。但對於自己的員工，許多企業反而不知道每個員工都有所不同，必須施以不同的學習方式。企業對員工施以學習訓練的首要工作是，弄清楚員工究竟處在前面所說四個階段的哪一個階段，然後施以不同的方法。讓我用全面品質管理（ＴＱＭ）爲例，加以說明。

有些員工根本不知道什麼是ＴＱＭ，其行爲自然就不利於ＴＱＭ。例如，有些員工根本就沒有品質的觀念，那我們就要先用實際的例子來讓他們知道，他們的行爲有違ＴＱＭ的理念。同時，我們要讓他們知道ＴＱＭ對公司經營的意義。中國大陸的海爾集團負責人張瑞明曾經當著所有員工的面，把幾台品質不良的電冰箱敲毀，帶給員工極大的震撼，但也使員工從此知道品質的意義以及公司的決心。

員工體認到品質的重要性後，他們未必就有足夠的知識與技能做好ＴＱＭ，但他們會有心向學。此時，員工已經從不知無知進步到自知無知。在這個階段，企業應該有系統的訓練員工有關ＴＱＭ的基本理念與具體作法。例如，如何分析與改善工作流程，如何改善工作條件等。經過一定時間的訓練，員工可以琅琅上口ＴＱＭ的意義，也可以操作ＴＱＭ的相關程

序，員工也有足夠的信心做好ＴＱＭ。此時，員工進入自知有知的階段。

企業唯有懂得因材施教，才不會浪費培訓資源

就算員工有能力、有知識，員工未必有足夠的行動落實ＴＱＭ。能說不能練，不是知識。所以，處在自知有知的階段所要努力的工作是，把知識融合成生活習慣的一部分。當員工不用刻意、很自然地去做，就能做好ＴＱＭ所要求的工作，就是不知有知的階段了。明朝大儒王陽明倡導「知行合一」的哲學，知識與行爲融而爲一，就是此處所說不知有知的境界。

從事教育工作者都知道因材施教的重要，企業在從事員工培訓時，當然也要遵循因材施教的原則。因此，企業在規畫培訓系統與課程時，應該先進行員工需求診斷，了解員工學習的階段，才施以應有的培訓課程，企業才不至於浪費培訓資源。

責任性與課責性

責任性（responsibility）與課責性（accountability）是兩個不容易區分的管理觀念。前者指的是當一項任務產生時，誰應該負責去執行這項任務。後者指的是當某個後果發生之後，誰應該承擔責任，替這個後果負責。我們可以說，責任性討論的是執行程序的責任歸屬，而課責性則強調執行結果的責任歸屬。舉例來說，不論公司最高領導人在決策的過程有多麼合理合情，但若是因爲不可控制因素而發生不良的結果，他仍應負起不良結果的責任，這就是課責性。

大部分員工屬於有責任性卻無課責性

我們可以根據這兩個觀念，區分出三種員工：第一種員工是既沒有責任性、也沒有課責性的員工；第二種員工是有責任性、但沒有課責性的員工；第三種員工則是兩者兼有。責任性可以說是每一個員工的基本條件，不管員工是在哪個職位，至少都要做到盡本分。因此，公司不應容許第一種員工存在。絕大部分員工屬於第二種，他們會把份內的工作做好，領取他們應有的報酬，但是，他們未必會在意公司最終的整體績效。第三種員工則不僅會做好自己份內的工作，也會擔心公司的整體績效。因此，他除了做好自己份內的工作之外，還會花心思力氣去改善公司其他的部分。

當組織發生重大失誤，一般員工都會推卸責任。員工推卸責任最好的方式，就是強調他們是依法行事、按規定辦事，因此，他們不必負責任。但是，當一個組織裡大家都依法行事，卻仍有失誤時，究竟誰要負責呢？二〇〇三年春所發生的SARS（非典型肺炎）流行問題，就是最好的例子。中央說是台北市政府的責任，台北市政府說是中央的責任，但是沒有任何單位出面為SRAS防疫破局承擔責任，這就是課責性的歸屬不明。如果一個組織的成員都只有責任性的觀念，而沒有課責性的觀念，那這個組織的文化很可能是爭功諉過，組織也就很難卓越。

愈多員工有課責性觀念，組織就會愈卓越

簡單地說，課責性就是要員工多管閒事，不要有本位主義。過去的組織設計根據職能分工，很容易造成各司其事的問題，現在的組織設計強調流程式組織，在工作流程上的每一位員工都有責任把整個流程做好。很顯然的，在組織內職級愈高的員工，愈需要替組織整體績效負責，其課責性也愈重；反之，愈是基層的員工，愈只需要把份內的工作做好就可以，而比較不需要替組織的整體績效負責。但是，組織裡愈多的人有課責性的觀念，組織才愈可能打破本位主義，往卓越之路邁進。

企業的組織資本

處在變動劇烈的經營環境，企業最重要的能力是快速靈動的學習、適應與行動能力，我們稱這種企業能力爲組織資本。企業的組織資本愈高，其競爭力愈強，也愈可能獲得投資大衆的青睞。企業有再多的財力與人力都有窮盡之時，唯有很多的組織資本，才能讓財力與人力得其所哉，盡其所能。但我們要如何評量企業的組織資本呢？又要如何建立組織資本呢？

員工有愈高的工作所有權，組織資本也愈高

組織資本愈高的企業，其員工就擁有比較高的工作所有權。所有權的觀念源自有形資產，一個人若是擁有某些資產的所有權，他就可以處分這些資產，並得以享受資產處分後的利得。同樣的道理，所謂工作所有權指的是，員工可以對其工作有自主權、決策權（有如財產處分權），並可以得到工作結果所衍生出的合理報償（有如財產處分後利得）。每個人都比較愛惜自己的財產，比較不珍惜他人或公共的財產，同樣的，當員工對其工作有所有權時，自然也會比較努力地做好他份內的工作。國營事業與公家機關所面臨最大的困難，在於無法清楚界定工作所有權。

工作所有權是一種權力，當然也是一種責任。所以，有所有權的員工須對工作的結果負責。但是，就好像未成年人的財產權受到限制與保護一樣，並不是每個人都有足夠的素養執行工作所有權。通常，教育程度較高的人，執行工作所有權的能力也愈高。這裡的教育程度不只是學校教育，還包括進入職場之後的終身學習。所以，員工必須持續地學習新能力，企業也應努力提高員工的素質。

面對複雜多變的環境，專業分工日趨必要，再沒有任何人有足夠的能力與智慧，來單獨地完成或執行重大決策。因此，具有組織資本的企業一定很重視群策群力，知道如何發揮團隊分工與整合的力量。雖然有組織資本的員工擁有高度的工作所有權，這並不表示他們會獨斷獨行，重視與善用團隊絕對是員工不可或缺的能力。

建立組織資本的關鍵在塑造一個無障礙的資訊交流環境

要建立團隊、要員工學習、要員工擁有工作所有權，在在都需要一個無障礙的資訊交流環境。因此，具有高組織資本的企業一定是個資訊很公開、很透明的企業，同時也是一個鼓勵資訊交流的企業。利用現代資訊科技，企業可以很容易地創造出一個無障礙的資訊交流環境。但是，除了資訊科技之外，企業高階主管是否具有開放的心態與習慣，更是資訊流暢與否的關鍵。

其實，前幾年流行的學習型組織以及近來流行的知識管理，無非都是在創造企業的組織資本。當企業擁有足夠的組織資本時，員工才有合理的環境與資源提高決策品質，企業的靈動才不至於淪落為亂動。

有Power無Point

近年來，我到任何地方去演講，主辦單位都會很自然地先問：「有無PowerPoint檔案？是否需要準備單槍投影機？」美國微軟公司的PowerPoint投影片製作軟體儼然已經成爲任何演講或發表的重要工具，演講者若是沒有準備PowerPoint演講大綱就不夠酷，很容易被人認爲是準備不足。反之，演講者就比較容易獲得肯定。問題是，PowerPoint只是一個很方便的工具，用得好是否就能證明發表者的內容的確比較豐富呢？這實在是個典型的形式取代實質、工具替代目的之現象。

檔案形式再美，仍應看是否有牛肉

PowerPoint可以讓演講者透過許多引人注目的炫耀方式，呈現演講大綱。由於這些炫耀方式確實可以使演講更爲生動，因此，很多人把製作好的PowerPoint檔案視爲重要的前提工作。然而，不論檔案做得多美、多絢麗，畢竟只是形式，內容是否有牛肉應該更爲重要。換言之，PowerPoint這個工具是用來輔助演講的，不足以決定演講內容的好壞。

但是，當工具本身具有多種呈現形式時，工具就可能自成一格而成爲獨立的主體。於是，演講的人與聽演講的人都可能只注意PowerPoint的呈現方式，而忽略了演講內容。當演講結束時，聽衆可能有很精彩生動的感覺，卻說不出演講內容到底精彩在哪裡。

陷溺在工具中而忘了目的，是倒果爲因、水中撈月

在日常生活中，類似的工具取代內容的例子，層出不窮。例如，音響本來是用來傳遞音樂的工具，但是，許多音響發燒迷重視音響的好壞遠遠超過重視音樂的好壞。在這些發燒迷的心中，音響音效是否夠眞夠準才是重點，音樂是否美妙動聽反而是次要的。做愛的技巧雖然可以增進做愛的樂趣，但是，沒有愛空有技巧，就會淪爲演A片的演員了。

沒有錯，好的工具的確有助於目的之達成，所謂「工欲善其事，必先利其器」。但是，我們若陷溺在工具中而忘了目的，就是倒因爲果、水中撈月了。PowerPoint 的流行就可能使得某些演講者以及聽衆沈迷在這個軟體工具的運用之中，並受制於它的形式，有時反而會影響創造力。事實上，作爲一個上課或演講的輔助工具，PowerPoint 的確有其局限。PowerPoint 的呈現方式適合演講者對多數受衆進行單向線性溝通，卻不適合與受衆進行互動式的討論教學。

有鑑於此，美商甲骨文公司就規定員工不准用 PowerPoint。當我們在使用 PowerPoint 時，也應該要一再提醒自己，這個軟體工具固然帶給我們強而有力的 power，但我們自己的 point 在哪裡呢？

由上而下或由下而上

企業決策的過程可以分爲兩種形式：由上而下或由下而上。由上而下意指上層決策之後，經由層層的階級往下推動；由下而上則剛好相反，企業決策是由下層主動形成，在說服層層的主管後推動。乍聽之下，由上而下應該是企業常見的決策模式，但是一個健康、有生命力的企業，必須同時兼具這兩種決策模式。

下位者通常比上位者更清楚未來顧客的需求

在上位者的經驗視野通常要比下位者寬廣，上位者在決策時所考慮的面向自然也比較周全，因此，企業重大決策的擬定與執行當然是由上而下。然而，在上位者由於位高權重，也很可能有他的盲點。上位者不容易聽到基層的眞實心聲，也不容易直接接觸到顧客，同時，下位者還可能刻意隱瞞某些令人不悅的事實。所以，由上而下的決策有其風險。

在下位者的經驗視野雖然不如上位者，但下位者接觸第一線顧客，最了解顧客需求。下位者通常年紀較輕，自然也比較清楚年輕族群的偏愛。換言之，下位者通常比上位者更淸楚未來的顧客需求。下位者因爲是實際執行企業政策的人，當然也很淸楚執行政策的實際問題，所以，下位者若能主動提出一些建議，並爭取必要資源來執行這些建議，常常也可以得到很好的結果。譬如，美國奇異、ＩＢＭ公司近幾年全面電子化的決策，就是一些中層員工比企業高層更先體認到電子化的重要性，往上提報，並說服高層後所實施的。

一家企業若有流暢的由下而上決策過程，表示這家企業的中基層員工都能主動積極地爲企業思考、希望企業的明天更好，這更表示企業的基層、中高層之間有流暢的溝通管道。比起只能由上而下單向溝通的組織，這樣的組織當然比較健康。

應建立上、下間流暢多向的溝通管道

雖然由下而上有其必要，但並不能取代由上而下的決策，因爲愈是居高位的員工，所須承擔決策後果的責任愈重。企業領導人最終也最難的責任，就是勇於做出下屬所不敢承擔的決策。有些企業高層人員久居深宮高位，已經失去其應有的敏銳與見識，這些企業的決策過程表面上是由上而下，實際上卻是由下而上。舉例來說，企業高層應該每年擬定企業年度重要策略，但是高層可能把這件重要工作交給他的部屬辦理，而他的部屬又層層往下交辦，最後，企業的重要策略極可能是基層員工根據所見所聞東抄西錄，再層層上報而來。表面上，這個決策是企業高層所決定，實際上卻幾乎都是基層擬定。當企業老化、僵化時，就非常有可能是這種決策模式。

總之，健康的企業需要流暢多向的溝通管道，決策的程序也不能拘泥在一個方向，由上而下與由下而上都是企業所需要的決策過程。

新竹科學園區能創新嗎？

衆所周知，新竹科學園區的設立與發展，是我國資訊電子業得以成功的關鍵。許多縣市也因而競相爭取科學園區的設立。但是，大家也都知道，在科技產品的研發創新以及國際品牌的建立上，竹科還沒有出現如微軟、英特爾等世界級企業。假定竹科是如此的成功，爲什麼還沒有出現世界級的企業呢？這當然不是竹科單獨所能負擔的責任，我國必須在教育體制、法令規章等多方面齊頭並進，才有希望出現世界級企業。除了國家社會整體環境的改善之外，我想要在這裡特別指出，目前新竹科學園區的地理環境設計，不可能創造出世界級的企業。因爲，竹科的環境空間是爲製造業而設計的，並不適合創新研發或品牌行銷的企業生存。

竹科的環境空間不適合創新研發型企業

讓我們想想典型竹科高級主管的工作生活。爲了避開早上的交通尖峰時間，他必須一大早就開車到竹科上班，然後他就開始一整天緊張忙碌的生活。如果中午要宴請重要客人，他可能會到竹科唯一的餐廳吃飯，否則的話，他的午餐十之八九是在公司裡靠吃便當打發過的。到了下午，當他工作很煩累的時候，想要喝杯咖啡或茶來冷靜或休息一下時，整個竹科找不到一間輕鬆的咖啡店，他只能躲在自己公司的一角偷閒。這一天，他可能要加班，於是，他的晚餐又是在便當中度過。晚上下班後，他很想找個小酒館與同事小酌一下，一方面放鬆身心，另一方面也可以跟同事交換工作心得或創新知識。但是，他在竹科以及竹科附近都找不到這樣的地方。

竹科環境不適合人際互動，自然難有世界級的創新企業

請問，這是什麼樣的工作生活？在這樣低品質的工作生活環境，創新能力又怎能維持呢？所以，雖然竹科的公司都是所謂的高科技公司，卻也都是高級代工公司吧！它們雖然有

一定的創新研發能力，但絕不可能成爲世界級的水準。

知識是知識經濟的基礎。但是，知識的產生與轉換跟人的工作生活品質，以及人際間的互動、分享與刺激息息相關，否則的話，就會有「獨學而無友，則孤陋而寡聞」的問題。美國柏克萊加州大學教授Anna Lee Saxienian 在其知名著作《區域優勢》（天下文化出版）中，在比較美國矽谷與波士頓一二八高速公路附近產業的發展之後，認爲矽谷之所以能以善於創新而崛起的重要原因，是有很優質的工作生活品質與人際互動空間。竹科的環境不適合人際互動，自然也難有世界級的創新型企業。現在各縣市政府所爭取的科學園區，若是還只停留在竹科典範，而不能在工作生活品質與人際互動方面加以改善，知識經濟終將是海市蜃樓。

五、人才發展

人生而自我平等

「人生而平等」是西方人權思想的精要，認爲每個人的基本權利應該無分貴賤，一律平等。但在現實的人生中，有人含金湯匙長大，有人天賦異稟，上智下愚確有不同，人怎麼會生而平等呢?然而，人雖然不是生而平等，每個人的自我、自尊倒是相當的平等。

自尊的不平是最常見也最難處理的不平

無論是小孩們或夫妻間的爭執，或者是公司內員工間的不和融，最重要的因素就是不公平的感覺，所謂「不平則鳴」，無非是人類的特性。產生不平等的來源很多，有待遇分配的不平，有職務安排的不平，但最常見、也最難處理的不平是自尊的不平。

由於職位與貢獻的差異，每個人的待遇或許有所高下，但每個人所需要的尊嚴卻不會有太大的差別。再高位的官、再富有的人，若是對人頤指氣使，不論受氣的人地位多低、多窮，心裡都不會好受，可見每個人都有相當平等的自我、自尊。古人有「不食嗟來食」者，就是自我的最好說明。

中國傳統社會講究階級地位，許多人因而養成一種權威性格，對於比自己階級地位高的人，一方面喜歡攀龍附鳳，另一方面卻很容易有紅眼症。對於那些比自己階級、地位低的人，很自然地會用瞧不起人的心態面對。這些現象都是自我自尊被扭曲之後的結果。魯迅筆下所描述的阿Q，其實就是在被高度欺壓、卻又沒有「不食嗟來食」的勇氣下，尋求自我尊嚴的一種表現。許多可憐的中國人也只有透過精神勝利法，自我慰藉。在台灣，常常有人用燒冥紙、罵人祖宗八代的方式找公道，也算是一種透過精神勝利法來找回自尊吧！

因爲人生而平等，所以要重視人性化管理

在社會變動不大的古代社會，透過權威、階級、地位來維持社會規範與秩序，並無不可，但在經營環境快速變動的現代社會，階級地位並不是知識與能力的保證，企業若仍以階

級地位來規範員工之間的互動，將無法面臨嚴峻的競爭壓力，人生而自我平等的意義在現代社會顯得格外重要。正因爲如此，有關人性化管理的各種理論也益發受到重視。

組織行爲在討論員工的工作動機時，有多種不同的理論，其中最有說服力的一個理論就是公平理論（Equity Theory）。根據公平理論，員工的工作動機與他認爲是否受到平等的對待有顯著的關係。如果員工認爲他受到不公平的對待，他就不會認眞工作。反之，如果員工認爲公司對待他們是公平合理的，那麼他們就會努力工作。人生而自我平等談的就是每個人都需要被公平合理的對待。

國人好面子，面子就是自我自尊的反映。管理者要能夠體會「人生而自我平等」的道理，就會考慮對方的面子，就會從對方的立場思考問題，就會更知道讓對方在工作中表現自我。管理的精義，其實就在如何管理每個人的平等自我。

知識、見識與膽識

成功的現代企業需要三種「識」的結合：分別是知識、見識與膽識。在知識經濟時代，企業沒有知識就無從創新，沒有競爭力。但知識有跡可循，企業只要願意投資在知識上，如教育訓練、研究發展等，多少都可以擁有知識。若是不能從所吸取的知識中淬煉出一般人所不能見到的見識，企業仍然沒有創新，不具競爭力。有了見識之後，企業必須有膽識行動，勇於冒險，創新才有可能，卓越才有可能。

深厚的產業知識與經驗都有助於企業見識的產生

有膽識才能冒險，能冒險才有可能成就不凡的事業，因此，成功的企業一定是有膽識的企業。但是，有膽識敢冒險的企業未必都能成功，徒有膽識而無見識，只是暴虎馮河，有勇無謀罷了。有膽識而無見識的錯誤決策，可能導致企業全面潰敗，所以，企業要有膽識之外，也要有見識。《基業長青》一書提到，卓越企業都有「膽大心細的目標」（Big Hairy Audacious Goals），膽大心細的目標就是一種膽識，而這種膽識是建立在他們所擁有的知識基石上。

見識指的是一般人所想不到的看法，但是當有人把它說出來之後，這種看法會令人拍案擊節，並感嘆爲什麼自己事先沒想到。中國許多古籍如《論語》、《孟子》就充滿了見識。見識是智慧的展現，最主要是來自於個人的豐富經驗以及知識的淬煉，所以，深厚的產業知識與經驗都有助於企業見識的產生。但有見識而無膽識，則只能空說議論而沒有行動力。俗語說：「秀才造反，三年不成。」主要的原因就是秀才雖然可能有知識、有見識，卻無膽識。

企業決策的最終負責人一定要有膽識

雖然知識有助於見識的產生，見識不同於知識，《論語》、《孟子》有很多見識，但談不上有知識，因爲知識指的是有科學根據的系統之學。在工業發展初期的社會，現代知識還不夠發達，有膽識與見識的創業家，就能成就一定的事業。台灣最具地位的企業家王永慶，以及浙江哇哈哈集團的宗慶後，都沒有很高的學歷，就是最好的說明。但進入知識經濟的時代，沒有深厚的知識，產業的見識無從產生，企業決策也就難以形成，因此，在知識經濟時代，沒有知識就不可能有競爭力。只要是卓越的企業，一定會投入大量的資金與人力在研究發展上，主要的使命就是創造企業的知識。

膽識、見識與知識並不需要集中在一人身上，但企業決策的最終負責人一定要有膽識，因爲，企業負責人常常要在不確定的環境下做出重大決策，並且必須背負這些決策的風險，沒有膽識又怎麼下決策呢？

學歷、經歷、潛力與能力

幾年前，美國微軟公司的創辦人比爾·蓋茲來台訪問，在記者會上，有位記者問他：「是否後悔中途輟學，沒有取得哈佛大學學位？」比爾·蓋茲很有風度地回答：「不後悔。」我相信比爾·蓋茲心裡一定會想：「怎麼有這麼愚蠢的問題？要是念完哈佛的學位，我蓋茲可能就沒有現在的成就了！」這個問題反映出國人過分重視學歷的迷思。

對愈年輕的應徵者考量重點在學歷

企業選才時，必須考核求職者現有的能力以及未來的潛力。而在判斷一個人的現有能力時，經歷是最重要的指標，因爲經歷代表個人曾經達成的成就；很顯然的，一個人進入就業市場的時間愈久，其經歷愈能說明這個人的能力，因此，經歷會是這個人的重要參考資料。反之，一個人若是初入就業市場不久，因爲經歷有限，就比較不適合用經歷來衡量他的能力，此時，他所畢業的學校、主修的學位等學歷資訊，就比經歷更能反映出這個人未來的潛力。因此，企業在遴選員工時，面對愈年輕的應徵者，企業愈需要注意他的學歷因素，以預測未來的發展潛力。相反的，若是應徵者已有一定的工作年資，學歷就不該是個考慮因素，他已有的成就經歷才更具有參考價値。

企業若能聘請到學經歷俱佳的員工當然最好，若是兩者不能得兼，就應該針對職位的性質來做考量。一位有能力、但潛力不足的員工，雖然可以勝任現有職務，未來的發展卻很有限：反之，一位能力不足、但潛力十足的員工，雖然不能馬上在職位上施展長才，未來卻可能有出色的表現。假定企業需要新聘人員立刻上線，無法給他太多的學習時間，那麼應徵者的經歷遠比學歷重要。若是企業可以容許員工在職位上有一段學習時間，那麼就可以加強學歷的比重，延聘經驗或有欠缺、但是學歷極佳的人才。

愈是高階的主管愈應重視過去的經歷

高階直線主管的職位對於企業的績效，通常有立即而重大的影響，因此，這些職位的新任者必須立即進入情況，從容勝任，不能有太長的學習時間。因此，企業聘任高階直線主管時，應該更重視應徵者的經歷而非學歷，至於其他職位可視企業擁有的資源與幹部養成政策而定。絕大部分的卓越企業在遴選高階幹部時，都盡可能採用內升的方式，除非萬不得已，才會到企業外部聘請空降兵。主要的原因之一是，員工在企業內部的經歷非常容易查證，從其他企業請來的空降兵，其經歷或能力是否能適應目前企業的需求，實在不容易查證。

最後要強調的是，不論是學歷或經歷，都是一個人過去的紀錄，未必能準確判斷這個人現在的能力或未來的潛力，所以企業選才時，還要參考其他資料，必要時並應該使用一些測量工具，而不要爲表面的學歷、經歷所迷惑。

位子與腦袋

有關位子與腦袋的說法，是近年來台灣政壇與企業界常討論的議題。究竟位子與腦袋的關係是什麼呢？

不斷學習成長就是不斷地換腦袋

二〇〇一年年初，宏碁集團因爲業績不好，進行大幅度的組織改造，董事長施振榮宣稱：「不換腦袋就換位子。」由於海內外的經營環境變化多端，企業經理人就算在同一個位子，其所面對的挑戰卻會日新月異，因此，企業經理人要知道學習成長，也就是要換腦袋。

否則的話，企業經理人勢必無法應付新的挑戰，換位子將會成爲必然的結果。看來，腦袋是可能決定位子的。

二〇〇〇年，民進黨與國民黨權位異置之後，剎那間，不少政治人物對某些議題的立場馬上轉變。有國民黨重量級人士在執政時強調兩岸戒急用忍，在野後卻極力主張兩岸三通。民進黨尚未執政時，基本上是主張福利國家並具有反商情結的政黨，執政以後，在社會福利的立場上卻顯得比國民黨保守，而在經營政商關係上的積極度，比起國民黨毫不遜色。於是，有人批評這些政治人物沒有立場，換了位子就換了腦袋。

換了位子應該要有所變、有所不變

問題是，換位子難道就不能或不應該換腦袋嗎？執政黨或反對黨站在不同的立場，具有不同的看法，應該是很正常的現象。從企業經營的角度看，公司的主管從某一部門調到另外一個部門，或職位高升時，當然就應該換換腦袋有不同的思維，難不成還用原部門主管的角度看整個公司的經營嗎？事實上，從組織管理的角度來看，組織部門分工的主要功能之一，就是讓不同部門用不同的立場看問題。透過不同部門間相互的討論與交流，決策者可以更清楚地掌握經營全貌。所以，換位子本來就應該換腦袋，所謂屁股決定腦袋，就是這個道理。

由於位子與腦袋的關係如此密切，優秀的員工會養成從不同位子來思考的習慣，他會從比目前更高一階職位的立場做決策，他也會從其他部門立場想問題。例如，財務人員要能夠了解工廠出貨不正常的原因，副總經理要能夠假設自己若是總經理會如何處理。

如果說換位子就應該換腦袋，是否就代表沒有原則、沒有立場呢？這裡的關鍵是，當我們換位子之後，應該有所變、有所不變，腦袋裡的東西有些要換，有些不應該換。我認為個人的價值觀、理想不應該輕易地隨著位子而改變，所謂「富貴不能淫，貧賤不能移」是也。但是，經營格局、策略與手法，則會因為位子不同，接觸到不同的資訊，而有所改變。換位子之後，若還死守著不換腦袋的貞節牌坊，恐怕非企業之福。

向上提聘人才

企業爲什麼要招聘人才呢?常常是因爲主管認爲手下人力不足，所以要增聘部屬；但很少有人會自認個人能力不夠，而要求提聘主管來領導自己。換言之，企業幹部常常向下招聘人才，但鮮少向上提聘人才。更糟糕的是，大部分人都只會聘那些不如自己的人，很少有人有足夠的胸襟聘用比自己優秀的人，而造成「武大郎開店，一個比一個矮」的現象。然而，企業在成長的過程中，若想脫胎換骨或持續壯大，高階主管應該具備向上提聘人才的觀念與胸襟。

「默會知識」須靠幹練的師父指導

管理知識可以分爲「外顯知識」（coded knowledge）以及「默會知識」（tacit knowledge）兩大類。外顯知識的取得，可以透過一般的教育訓練課程以及閱讀書籍而來，而默會知識則須藉由親身體驗或師徒制的學習方式才能獲得。例如，資深的企業高階主管通常比一般管理幹部更具管理洞見，在處理複雜問題時，也比較成熟老練；這些管理洞見、老練的管理智慧或技巧都屬於默會知識，不是看看書本就能領會的。因此，如果經理人想提升自己的管理技能，若是缺乏有經驗、有能力的師父或主管近身指導，則任憑他再怎麼努力地透過上課或閱讀學習，往往也只能豐富自己的外顯知識而已，很難在默會知識上進步。

許多管理幹部會發現，當他們晉升到一定階級之後，公司裡已經沒有他可以學習請教的對象了，此時他就只能透過書本或上課提升自己的外顯知識，而不容易經由師父或主管的引導增加默會知識。如果他還想繼續成長提升，除非他跳槽到有更多人才的大公司，否則就必須展開向上提聘的行動。換言之，他應該設法禮聘更優秀的高階人才進入公司，來提升自己。

以寬廣胸襟接納比自己更優秀的人才

台灣有許多企業都還處於創業家主導的階段，這些創業家以及他身邊的主要幹部，雖然有令人欽佩的創業經驗，以及親身體會出來的管理技能，卻未必有足夠且正規的歷練。因此，當公司成長到一定規模時，創業家及其班底的管理知識和經驗難免顯得捉襟見肘，有所不足，有待進一步的充實提升。他們固然可以靠書本或教育訓練來提升管理技能，但也須提聘更優秀的管理人才，適當地引進管理的默會知識，雙管齊下，才能事半功倍。

簡言之，企業成長到一定階段之後，向上提聘領導人才的作法不可或缺。鴻海精密的創辦人郭台銘在二〇〇三年併購了國碁電子之後，爲了表示他對國碁電子總經理李光陸的推崇，曾經說他希望成爲鴻海精密的李光陸。姑不論李光陸是否比郭台銘優秀，但是郭台銘的所作所爲，正是向上提聘的呈現。無怪乎，郭台銘能夠執台灣製造業之牛耳。

絕大部分企業高階主管最常互動的對象是自己的部屬，而部屬的眼界與能力不如自己是很常見的情形，因此，高階主管容易陷入自以爲是的自滿陷阱。其實，當高階主管環顧四周，發現公司內無人出其右時，可能就是企業必須向上提聘的時機。問題是，許多企業高階主管未必有此自知之明，或是有此自知之明，卻無廣大胸襟來接納比自己更高階或更優秀的人才。事實上，高階主管若能向上提聘，不但可為自己創造提升眼界與增進能力的絕佳機會，企業也能因為優秀幹部的引進而持續成長，對於企業與該主管而言，這豈不是兩全其美嗎？

企業與員工的心理契約

現代企業與員工之間是契約關係，企業支付員工一定的報酬、福利，來換取員工的勞力與腦力。這個契約可能是厚厚一疊白紙黑字的文件，也可能是沒有文字紀錄的「閒話一句」。不管契約的書面紀錄是詳實或簡約，雙方總有一些寫不出、說不清的期待或承諾，且讓我們稱這個彼此之間難以說清楚的期待為「心理契約」。企業在人力資源管理上，最主要的工作就是釐清、調整，並執行與員工之間的心理契約。

心理契約不相容的現象愈來愈常見

就員工而言，心理契約最重要的部分，就是企業在薪資之外所應該提供的福利、機會、工作環境等。就企業而言，心理契約包括員工對公司的忠誠度、工作承諾等。假定企業與員工之間的心理契約不能相容，自然會產生人事運作上的種種不順。很顯然的，心理契約是隨著時空而轉變。由於台灣經濟的快速發展，以及社會多元化、國際化的影響，企業與員工的心理契約不相容現象，愈來愈常見，這可能是當前企業在人力資源管理上的最大挑戰。

三、四十年前，台灣經濟剛開始發展時，員工對工作的期待，只是賺取可以溫飽的工資，以及不被輕易解聘，對企業並不多求；另一方面，企業的競爭壓力與管理知能都十分有限，通常也只期待員工努力工作，沒有太多的其他期待。這樣的心理契約是很容易履行的。所以，當時的人力資源管理相當單純，也不受重視。

因為心理契約不相容而導致員工主被動離職的事件，益加頻繁

隨著經濟的發展，今天一般員工與企業之間的心理契約已經發生很大的改變，他們期待公司提供他們良好的福利、成長機會；另一方面，企業因為競爭環境的改變，對員工的期待

也提高了，公司期待員工不僅僅是努力工作，更要持續吻合企業的發展策略。因爲心理契約不相容而導致員工主被動離職的事件，益加頻繁，人力資源管理所面對的挑戰也因而愈趨艱巨。

除了整體經濟條件的影響，心理契約也受到企業屬性影響。在高科技行業，員工期待分紅入股；但在傳統產業，員工未必有此期待。外商公司員工期待良好的教育訓練機會；在本國公司，員工對教育訓練的期望就比較低。大型企業員工期待公司有完善的職業前程規畫；但中小企業就不然。

隨著競爭生態的變化，心理契約已經突破產業、地域或規模的局限，逐漸產生某種「通則」，例如，公司應該提供員工發展機會，工作應該有正常的休假等。台灣與中國大陸在經濟發展的程度雖然不同，兩岸共同的心理契約通則愈來愈多，企業應該了解並履行這些心理契約的通則，才可能爭取到優秀人才。

聆聽「聆聽力」

當我們不想看的時候，閉上眼睛就是了，但當我們不想聽的時候，就算摀了耳朵也很難阻絕聲音。當我們想看的時候，張開眼細細看就是了，但當我們想聽的時候，卻未必能聽到該聽的話。在上課演講的老師從來不會說話說到睡著的，但是聽課的學生卻常常會打瞌睡，可見，聽比說難。百聞不如一見的一個主要原因是，聽不如見可靠。聽，並不是一件容易的事，須用心學習。企業內的溝通固然有很多種形式，但透過口耳相傳仍然是最重要的一種方式。因此，經理人要學會聆聽。

九點聆聽的要訣

組織行為的研究指出，一個善於聽的人在聆聽人說話時，會專心地做好後面這幾點：

一、當他有困惑不明的時候，會請求發言者講清楚、說明白，而不輕易地含混帶過。

二、同樣的一句話，不同的音調語氣隱含著不同的意義，因此，他會注意聲音背後所隱藏的情緒。

三、必要時，他會用自己的語句重新說出對方所表達的意思，來確認彼此之間是否清楚明白。

四、他善於用同理心，用發言者的角度去理解其想法與立場。

五、他要專心，去除不必要的干擾，例如在聆聽時應該盡可能不接電話、整理資料或把玩文具等小東西。

六、他善於用發問的方式，來引導釐清發言者所想要表達的意思。

七、他會端正地看著發言者發言，而不是左顧右盼。

八、他應該注意自己的肢體語言，並與談話者之間有適當的座位安排。

九、當談話結束時，應該有簡明的摘要，必要時應有具體的行動方案。

從以上幾點要訣可以看出，如果我們有重要且不易澄清的事情要討論，一定要盡可能面對面地談話，不宜透過視訊會議或電話溝通，因爲，說話者的肢體語言或背後的情緒，必須是面對面溝通時，才能感受得到。

說是知識的領域，聽是智慧的特權

一個善於聽的人在聆聽人說話時，會有耐心而不至於犯了下述的毛病：

一、沒等別人說完話，就輕易地打斷別人說話。

二、還沒釐淸對方想要表達的意思，就很快地回應對方。

三、輕易地下結論。

四、輕率地根據發言者的身分，預設對方的動機與立場。

五、急於解決問題而忽略問題的根源。

有效的管理者通常都是行動導向的急性子，很容易因爲事情太忙，而沒有耐心聆聽幹部或同事的聲音，許多錯誤的判斷就因此發生。雖然企業要訓練幹部言簡意賅的能力，但千萬不要忽視幹部的聆聽能力也是需要培養訓練的。

美國詩人荷姆斯（Oliver Wendell Holmes）曾在一首詩中寫到：「說是知識的領域，聽是智慧的特權。」（It is the province of knowledge to speak and it is the privilege of wisdom to listen.）的確，有知識才能言之有物，但要有智慧才會聽出弦外之音，讓我們好好學習做個有智慧的聆聽者吧！

注意「注意力」

有效地運用自己稀有的時間資源，稱之爲時間管理；有效地運用對方稀有的時間資源，則是注意力管理。要做好企業經理人，不僅要有時間管理的技能，也要有注意力管理的技能。

知識經濟時代，時間與注意力是最珍貴的資源

在人類經濟發展的過程中，土地或天然資源是稀有珍貴的資源。工業革命之後，資本成爲稀有資源。知識經濟時代，有知識的人才成爲稀有資源。但是，人才不同於土地或資本，

每個人的一天都只有二十四小時，每個人的精神都有時而窮，因此，當人才成爲稀有資源時，所隱含的眞正意義是時間與注意力資源的不足。我們可以說，知識經濟時代，時間與注意力是最稀有珍貴的資源。透過有效的注意力管理，員工才能依照企業的需求達成任務。企業如何管理員工的注意力呢？

注意力的產生來自三方面：第一是與例行常規不同的特殊新奇產生時；第二是當我們遇到危機，產生害怕恐懼的感覺時；第三是當我們對某些人或事有強烈的喜好或欲求時，因此，企業若要增進員工的注意力，必須從這三方面著手。

新奇特殊的產生是廣告或行銷專家最擅長的手法，通常是透過創意手法造勢來引起受衆的注意。讀者可以多參考這類的案例，此處不論。

所謂恐懼的感覺，就是要讓員工有強烈的危機意識，注意企業的各種發展機會，並謙虛而努力地改善企業的績效。由於知識折舊速度加快，員工必須不斷地學習，否則就會面臨被淘汰的殘酷事實，因此，現在企業已經愈來愈難提供員工終身聘用的福利保障了，但另一方面，企業應該提供員工良好的培訓機會，使得員工可以終身被雇用（life-time employability），保持競爭力。英特爾董事長葛洛夫曾說：「唯偏執者得以生存。」其實就是一種恐懼危機感。有時候，主管會特別注意某些幹部的行爲，常常也是因爲害怕恐懼這位幹部會危害公司利益。

喜好或欲求的產生來自樂趣、歸屬感或成就感。企業內的工作大部分是非常例行規律而無趣的。因此，一個人若能多運用想像力，讓自己或工作職場更有樂趣，他就會是個比較受到注意的人。例如，幹部做簡報的時候，若是能多引用故事、笑話，比較容易引起聽衆的注意。當我們在與人溝通時，若能讓對方認爲這件事對他有很大的好處，使他產生強烈的欲求，他當然會比較注意。

好的企業獎勵制度就在誘導員工注意力的方向

好的企業獎勵制度就在誘導員工注意力的方向。假定工作執行的好壞對員工的薪資獎賞有明顯的影響，這項工作自然會引起員工的恐懼或欲求，注意力隨之產生。

不論企業用何種方式增加員工對某些事的注意力，在實際的作法上，都可以透過增加深度與廣度的方式達成，讓我用推動全面品質管理爲例說明。

深度指的是要員工了解全面品管的意義與重要。所謂的重要與意義不僅針對企業而言，更要針對員工來說。工作做得好或做不好，對員工會造成重大的影響，才是有意義、很重要的工作。如果員工體認到做好全面品管可以增加企業生產力，改善員工工作品質，對他們有很大的利益，那麼無論員工有多忙，他們都會付出足夠的注意力去執行全面品管。反之，如果他們也深刻認知到，做不好，企業會倒閉，他們會失業，他們當然也會提升注意力。一般而言，有系統、有方法地規畫執行員工的教育訓練，目的就在增進員工對於某項任務或技能的理解。因此，好的教育訓練可以說是從深度來增進員工對某項任務或技能的注意力。

廣度指的是運用各種不同的方式，來宣導全面品管的意義。公司的領導人除了在各種不同的場所來宣導全面品管的理念之外，還可以不時的用電子郵件、公司內部刊物、各種比賽或活動等方式，來推動全面品管的各項活動。就算員工原本不想注意全面品管，被各種不同的活動不斷地刺激下，自然也就注意了。

此外，我們要知道，人的注意力是短暫的、簡單的。因此，企業不能同時推動太多的事情，只能逐步推動，並且要持之以恆。如此，員工才有足夠的注意力把事情做好。

隨時想、隨便想、不要怕

前幾年有一本極為暢銷的理財書《理財聖經》，提出人人能夠琅琅上口的理財九字箴言：「隨時買、隨便買、不要賣」。據說有不少人照此九字箴言選購股票，卻買到地雷股而損失不貲。不過，這九字箴言倒給我一些靈感，衍生出改善想像力的新九字箴言：「隨時想、隨便想、不要怕」。無論是個人或企業，若是能夠照著這新九字箴言行動，想像力一定大為精進，而且，絕對不會遭遇類似買到地雷股的悲慘命運。

隨時想——人腦愈用愈靈活

隨時想——人腦愈用愈靈活，隨時想的意義在此。不論在什麼樣的時空下，只要我們願意想，我們就能想。每個人的思考習慣不同，不同的時段所能想像的事情也會不同。有些事必須一人獨處時才能冷靜思考；也有些事須與衆人共同討論，激發想像力。有時候我們是想了再說，也有時候我們是說了再想。說說想想，其實有密切複雜的連動關係。雖說時間、地點對想像多少有所影響，更重要的是我們是否願意想。由於好的靈感常常是浮光掠影，我們也應隨時備有紙筆之類的記錄工具，記下好點子，隨時想才不至於流於隨時空想。

隨便想在於突破各種自我設限的限制障礙

隨便想指的是突破我們各種自我設限的思想限制與障礙。受限於我們的經驗與所學，我們的想像空間常因而無法突破。在另一方面，管理技能的訓練益趨理性成熟，無論是策略規畫、行銷研究或人事制度，都有一定的章法可循。雖然這些章法可以使我們迅速有效地解決問題，我們也會因此而限制了思考的空間與能力。創造力或想像力的神奇就在於能夠觸類旁通、突破現狀，所以，隨便亂想是激發想像力與創造力的重要方式。

在創造力訓練的課程中，最常用的方法就是聯想或暗喻法。例如，我們可以把一個企業組織比喻成一部機器或一個生物。如果我們把企業想成機器，我們就會進一步思考機器的各零組件的組合與功能問題，並從之思考如何有效地改善組織效能。如果我們把企業想成生物，因為生物必須適應環境，並且不斷地從環境中吸取養分能源，我們也可以藉此想像企業與環境的互動關係。所以，隨便想就是要我們能隨意地把自己熟悉的一些事物，與我們所想要研究的事物進行連結與比喻，藉此發揮創造力。

害怕錯誤不敢嘗試是想像力的最大阻力

害怕錯誤、不敢嘗試的心理是想像力最大的阻力。有人會問，想像力只是一個人悶著想，何懼之有？其實，思考想像並不僅是一個人在腦袋裡空想，而是與行動互為因果、交相作用的。把所想的事情表達出來或用行動做出來，才能修正或驗證原有的想法。甚至有時候，我們是先表達或行動之後，才去思考原因或意義。愛迪生（Thomas A. Edison）在發明電燈泡的過程中，試過上千種的材料做燈絲，最後才決定用現在通用的鎢絲。愛迪生的鎢絲燈泡應該可說是不怕錯的經典成果吧！許多企業員工因為害怕錯誤，所以，所有的決策都要上級指示，這等於是抹殺了中基層員工的創造力。愈有表達自由的國家，其國民思考力與創造力也愈豐富。同樣的道理，愈有表達或行動自由的企業，創造力也愈強。讓員工有個勇於胡思亂想的制度與空間，應該是企業要創新的首要工作吧！

如何、為何、何不

從員工在工作上發問的基本態度來看，員工可以分爲三個等級：第三等級的員工會問「如何」（ask how）；第二等級的員工則會問「爲何」（ask why）；而最高等級的員工則進一步思索「何不」（ask why not）。

會問「何不」的員工很少卻最珍貴

會問「如何」的員工，在接到公司的任務指派後，會思考要用什麼方法最有效率地完成任務。問「爲何」的員工則會採取正面、肯定的立場，思考公司執行這項任務的道理。問

「何不」的員工則以逆向思考的態度，從根本上質疑公司可否不要執行這項任務，或者有無其他替代方案。

套用管理常用的效率與效果的觀念，問「如何」的員工只問效率而不問效果。這種員工往往在既定的目標下，設法用最有效的方法達成目標。例如，若有一家個人電腦製造商要在既有的基礎下，進入電腦周邊產品市場，問「如何」的員工就會奉命行事，設法做好企業轉型的工作。但問「爲何」的員工就會問：「爲什麼我們要進入周邊市場？」企業既然已經做了轉型的決定，當然可以有很多冠冕堂皇的理由。問「爲何」的員工聽了這些理由，通常不會質疑這些理由是否堅強，而會更有信心地開始執行公司轉型的任務。問「爲何」的員工比問「如何」的員工高明，因問「爲何」的員工不只是單純地執行任務，更會主動尋找任務的價值與意義。員工在執行工作時，若能認同工作的意義，其執行力一定會比較強。

鼓勵員工問「何不」來激盪創新力

問「何不」的員工則會質疑公司的轉型策略是否合理，爲什麼不能從個人電腦製造商轉型成資訊服務商？在我國，問「何不」的員工很少，因爲這需要挑戰權威的勇氣，而國人習於服從權威而非挑戰權威。但是，創新源自對現狀的懷疑與不滿，當我們學會問「何不」

時，我們才有可能改變現狀。國人容易與既有的體系妥協，而不習慣顚覆既有的結構。換言之，國人不善於問「何不」，更遑論具備改變現狀的行動力，所以我國企業普遍缺乏創新能力的現象，存在久矣。

其實，不管是問什麼問題，員工會問問題就已經不錯了，有些員工連問「如何」都不會，這種員工根本不能列入等級評比。有些工作的特質，只需員工問「如何」，並不要問「爲何」。例如，生產線上的作業員就只需要問「如何」，設法把公司交付給他的工作完成即可，而不須問公司爲什麼要生產這些產品。至於公司中層經理人，絕大部分應該有問「爲何」的能力與心態，而不僅止於問「如何」。因爲，這些員工是公司的中堅骨幹，應該對公司的基本政策有所了解與信心，所以，他們要能問「爲何」，並找出合理的答案。最後，對高階主管的期待是一定要能問「何不」，擺脫既有包袱，重新檢視公司的基本策略，才可能在策略或企業經營模式上創新，有番大作爲。

好人為何要出走？

在知識經濟的時代，土地、資本都不再是競爭優勢，人才才是企業競爭的關鍵，所以，企業之間除了要在產品或服務上競爭之外，更要努力營造理想的工作環境，吸引人才，以維持企業競爭優勢。

當優秀員工要離職時，企業一定要仔細檢討反省，究竟是什麼原因造成員工的離職。絕大部分優秀員工離職都會用一些個人因素，如家庭、健康等因素當作離職原因，事實上，隱藏在這些離職藉口的背後，常常是下列幾個與企業有關的因素：

一、與主管或同事不和

研究指出，員工離職最可能的原因，就是與主管或同事不和。因此，當好人要出走時，企業就該好好檢討其主管的領導方式是否需要改善。許多企業在評鑑主管時，會考核其培養人才、留住優秀幹部的績效，其著眼點在此。

二、績效與獎賞之間的關係不明

當員工發現他的工作績效與獎賞無關時，他自然沒有誘因繼續做下去。這裡所說的獎賞包括有形的金錢或地位，以及無形的鼓勵與認可。當獎賞不明時，有些員工會留在原組織打混，但優秀的員工絕不會甘於打混，就只有選擇離職一途了。美國奇異公司前任總裁威爾許在該公司工作滿一年後，發現他拿的年終獎金並沒有反映出他的工作績效，馬上就要辭職，還好威爾許當時的主管即刻改正，慰留了威爾許，奇異公司與威爾許的命運也因此完全改變。

三、看不到成長與晉升的機會

優秀的員工當然也是企圖心旺盛的員工，他們一定很重視成長與晉升的機會。如果企業沒有這些機會，他們只好出走。研究也指出，成長與晉升的機會是決定員工滿意度高低的最重要因素。在強調組織扁平化的時代，企業層級減少，員工晉升的機會也因而降低，就此而言，員工的成長機會就格外重要。

四、無法發揮專才

尺有所短，寸有所長。優秀的人才不可能是處處優秀，當他擺對位子，能發揮長才時，他才是優秀人才。當員工無法一展長才與抱負時，只有抑鬱求去。因此，企業要對重要職位發展所謂的能力模型（competency model），讓員工清楚地知道擔任這些職位所需要的知識、技能以及特質等；同時，企業也要對員工進行評鑑，如此，企業可以更容易地安排員工，員工也可以更清楚地知道自己適合發展的方向。

五、不實際或不清楚的期待

雖然現在企業所面臨的環境愈來愈不確定，但這並不表示企業內部的人事政策也因而非常不確定。絕大部分人還是希望有個確定可預期的未來。所以，企業領導人應該讓員工清楚地知道企業的發展與願景，員工才知道自己是否適合待在這家企業，許自己一個未來。

六、無法接受粗暴的管理方法或環境

優秀人才一定就是有比較多工作機會的人才。換句話說，優秀員工有選擇企業的自由與條件，比較能夠不爲五斗米折腰。就算企業能夠做到前面五點，優秀人才仍然不能忍受不合理的管理方式與工作環境。例如，主管對部屬的態度是否誠信正直合理、辦公環境是否窗明几淨等等。因此，企業要時時改善內部的工作環境，以及管理員工的基本哲學與態度。

近年來，有許多企業在蓋新的辦公總部時，除了提供必要的辦公室、會議室等外，還花很多心思在設計健身房、餐廳、咖啡廳等場所，其目的就在提供員工一個能夠寓工作於生活的環境。

以上僅提出六個最常見的離職原因供讀者參考。許多企業會對員工進行離職訪談（exit

interview），員工既然要離職了，通常也會比較願意說眞話，企業若眞有心改善管理品質，就要眞正了解好人離職的原因，進行必要的改善，如此，公司才有長期的競爭力。

是懷才不「欲」？還是懷才不「遇」？

「懷才不遇」可能是自古以來讀書人最常出現的一種心境，這可以從無數的寄情詩文中得到證明。在封建專制時代，一個人需要主上的拔擢，才有可能出人頭地，但在機會平等的現代社會，懷才是否還會不遇呢？我認爲愈是健康正常的社會，愈沒有懷才不「遇」的人，而只有懷才不「欲」的人。

在傳統社會，懷才不遇屢見不鮮的原因有二：第一，傳統士大夫所謹守的行爲是孔子所說的：「不患人之不己知，患不知人也。」士大夫必須有身段，如果到處推銷自己的才能，是一種失格的行爲，所以，孔子也說：「君子難進而易退。」在這種處世哲學下，有才能的人不爲人知，乃至於不遇，十分正常。此時，他只有寄情書畫，抒發自己不遇的傷感了。第二個原因則與士大夫的出路有關。傳統士大夫的唯一出路是做官，但只有君主或在朝高官具有給官職的權力，而且這個權力是無可挑戰的，一個有能力的人能否獲得重用，全憑君主或高官的個人喜好，懷才不遇毋寧是一種無可奈何的正常現象。也正因爲如此，「士爲知己者用」會深入每個中國人的血液之中。孔子在《禮記‧儒行》說：「儒有席上之珍以待聘，宿夜強學以待問，懷忠信以待舉，力行以待取，其自立有如此者。」一方面說明古代讀書人面對未來命運所應有的態度，另一方面不也說明讀書人無奈的被動身段嗎？

現代人如果一直懷才不遇，一定是他的能力、性格或定位出了問題

在多元化的現代社會，有三種原因使得懷才不遇的可能大爲降低。第一，現代社會講求行銷，不論是個人或企業都不能等待貴人相助，必須主動出擊，不知自我行銷的人就不是人才，卡內基訓練之所以會那麼流行就是一個最好的說明。第二，現代人的職業生涯不再局限在官場，他有很多選擇，可以到各個不同的企業、可以到非營利事業組織、可以自己創業、可以成爲卓越的專業人士、可以成爲自由工作者等等。良禽擇木而棲，有才幹的人若眞覺得自己懷才不遇，大可以另外找尋得意之處。第三，在知識經濟時代，企業若是不重視人才，

就會被市場淘汰。因此，企業會主動積極的尋求人才、培養人才。眞正有才的人，一定會在好的企業中被發掘提拔。

基於前述三種原因，一個人如果一直懷才不遇，那一定是他的能力、性格或定位出了什麼問題。如果有人認爲自己懷才不遇，他應該先在觀念上調整，必須承認自己未必如此有才，並設法改善調整自己，才有可能找到自己的舞台，成爲眞正的有才之人。

當然，鐘鼎山林，人各有志，的確有不少人很有才華能力卻沒受到重視，這應該是他沒有足夠的企圖心去追求別人的重視。他可能不願意委身一時，也可能是不願意改變他的生活方式，但這正是懷才不「欲」的選擇，而不是懷才不「遇」的宿命。所謂有才能的人，就是有選擇能力的人；沒有才能的人，只能等待命運的安排。所以，有才幹的人不會懷才不「遇」，只會懷才不「欲」。

見好就收的離職策略

傳統社會有「忠臣不事二主」的觀念，但在這個快速變化的時代，離職已經是很普遍的現象。假定你想離職換工作，你會在公司績效好的時候離職，還是公司績效不好的時候離職？我相信一般人都會在公司經營不佳時選擇離職，很少人會在公司業績良好時離職。但是如果你夠聰明夠優秀的話，其實應該在公司業績良好、但成長有限時選擇離職；而且當你從業績好的公司離職後，應該投入那些業績還不怎麼樣、但有很大潛力的公司。這就好像買股票一樣，懂得逆勢操作，你的職業生涯才會得到最高的報酬。

趁公司業績好時換跑道，身價高好談條件

當公司業績好的時候，員工也跟著水漲船高，變得比較有價值。相反的，當公司業績不好的時候，員工的身價也因而下貶。所以，從個人的市場價值來看，當公司業績好的時候，員工有比較好的談判條件，找尋其他工作時，可以得到比較高的待遇。類似的道理也存在公司的聲望，如果你在一個聲望高的國際公司（如奇異公司、ＩＢＭ等企業）工作，別人自然也比較肯定你，你的市場價值就比較高。

假定你是一位有能力的員工，當公司業績往下滑落時，特別需要有能力的員工來一起努力，而你卻在此刻選擇離職，會被人認為不夠道義，所以，就算你想離職，也不容易下這個決定。假定你是一位能力普通的員工，當公司業績不好時，你可能是第一批被公司裁員的員工。那時，你再想轉換跑道，另謀工作，恐怕將更為困難。所以，無論你是否有能力，公司業績不佳時，都不是離職的好時機。

此外，從個人發展機會來看，績效好的公司當然也有比較多的優秀人才，人才之間的競爭比較激烈，由於公司處於績效好但成長受限的狀況，個人升遷的機會一定會受到擠壓，這時候到有潛力的公司會有更好的發展機會。

見好就收的離職策略也是一種計算未來生涯期望值的生涯規畫

當公司好的時候離職，可以說是一種「見好就收」的離職策略，也是計算未來生涯期望值下的生涯選擇策略。如果公司已經到了頂峰，未來績效成長機會有限，員工能夠獲得的報酬成長自然也很有限。反之，如果公司有很好的發展前景，員工未來可以獲得的報酬就很高。所以，員工要在公司績效好、但成長有限的時候離職，轉到公司績效不怎麼樣、卻潛力十足的公司。

如果退休也算是離職的話，那麼國內高科技業知名領導人，如張忠謀、施振榮以及曹興誠等，若是在公司業績好的時候就光榮退休或另創新事業，他們的歷史地位將大爲不同。二〇〇四年初，成功的創業家、奇美實業的創辦人許文龍宣布退休，把一家經營得非常好的企業交給專業經理人，自己做個快樂的投資人，其瀟灑恢宏的人生哲學的確令人心儀。古今中外，不知道見好就收的政治人物或是企業領導人，可謂比比皆是，以至於落得前功盡棄，徒留唏噓。

求人與助人

許多人認爲助人是建立友誼人脈的重要方法，其實，求人也是建立人脈的重要方法。一般人認爲，少求人、多助人是個美德，同時助人令人感到自己高尚而有價值，所以有「助人爲快樂之本」的說法。至於求人則令人感到自己不如人，自尊心強的人當然不愛求人。就此而言，少求人多助人多少是人性所趨，又怎麼稱得上是美德呢？

求人與助人宛若提存款，宜保持有存有提

假定大家都要助人不要求人，那就會產生求助之間的供需失調。這時候，想要助人的人

反而需要求人讓他助人，求人變成助人，助人其實成了求人。生物學的研究發現，人類以及許多動物的DNA中都具有利他助人的行爲基因。從生物演化的角度看，利他主要的目的是希望有朝一日可以獲得回報，當需要接受幫助時，可以獲得幫助。因此，助人屬於人的天性之一，如果我們求人，其實也是在協助幫助我們的人發揮他們的天性。所以說，求人也是助人。因此，求人或助人的意義不能用簡單的世俗觀點來判斷，兩者可以是一體的兩面。

兩個人之間的友誼來往，如果都是一方幫助另外一方，長期下來，兩人之間的關係會處於不平衡的狀態，彼此之間將很難維持長期的友誼關係。助人有如存款，求人有如提款。我們不能只提不存，但也不應該只存不提，而要有存有提。如果你很在乎一個朋友，不能都是你在幫助他，有時候，你也要請他幫助你。求人得當的話，求人者可以滿足助人者在心理上的助人需求。當然，求人要得當才能發揮求人的價值，當我們有求於人時，最好不是太困難繁瑣的事，否則的話，求人就成爲擾人了。

拿捏好求人與助人的分寸，可以建立良好的人際關係

大家都知道，在職場上若有資深員工或長官之類的貴人相助，比較容易出人頭地。但我們要怎麼結交貴人呢？很顯然的，我們除了要捉住機會幫助貴人之外，有時也要知道請求貴

人幫一些小忙。透過這些幫小忙的過程，貴人在心理上與我們的連結會更強，未來也更有可能提攜我們。

現代人幾乎有三分之一甚至二分之一以上的時間，都在工作場所度過，但卻面對人與人疏離感日益嚴重的環境，上班族在職場上如何拿捏求人與助人的平衡，變得很重要，若不懂得妥適的運用，就不容易在職場上建立堅強的人脈。除了工作職場之外，人在生活上、情感上、心靈上……等，總難免有時會遇到一些困惑之事，在同一辦公室若看到、體察到周邊的同事有這方面的困擾時，不妨主動適時地去關心、幫助人家，設法幫他解決問題；反之，若自己覺得有什麼不愉悅或情緒低落時，也應該學會去求人幫助，這不但可以協助自己解決情緒的困擾，還可以建立更好的友誼與人脈關係，何樂不爲呢？

定量管理

由於工作的關係，我常要買書報雜誌，導致學校研究室以及家中的書房很快就書滿爲患，難以置放新書。不得已，我採取「定量管理」的方法，管制研究室與書房的書籍總量。每當書架放滿書籍時，我就淘汰掉一些舊書，使書架上的書籍維持一定的總量。在這樣的原則下，我不但在買書時變得更爲謹愼，不再亂買書，而且每隔一段時間就淘汰掉一些價值較低或過時的舊書，也使得書架上每本書的平均利用價值不斷地提升。

限制員工總數與辦公室總面積，提升效率

其實這個定量管理的原則，在一般企業管理上也很實用。以企業用人爲例，有些企業就規定其總員工數不得超過某一數額，當員工數到達這個額度後，企業每晉用一個新人就要淘汰一個舊人。由於企業必須不斷提升營運績效，每一位新人的生產力一定要高於被淘汰的舊員工。因此，企業晉用新人時，一定會小心評估該新人所能提升的生產力，同時，也會不斷地設法淘汰那些生產力無法提升的員工，以便引進更具生產力的員工。

根據人類學者的研究，原始部落組織中，人數最多是維持在一百五十人左右，這個數目是能夠維持成員彼此熟稔、具有休戚與共感覺的最大數。在軍事組織中，能夠產生緊密袍澤感情的最大單位是一個連隊，而一個連隊的人數也維持在一百人上下，這個數目也是一個主管所能管理的最大管理幅度。因此，有些國際公司，就限制其總公司的營運人員總數爲一百五十人。有些組織理論專家甚至認爲，一個事業單位若是超過一百五十人，就應該分殖出新事業組織，多少有些道理。

再以企業辦公室面積大小爲例，企業在成長過程中，常會有辦公室不夠使用的現象，需要愈來愈大的辦公室。但是，辦公室空間不足，究竟眞的是企業成長所致，還是使用效率不

彰的結果，卻未必經過合理的檢討。如果企業對辦公室的面積大小進行定量管理，而不隨意擴張辦公室面積，企業就會認眞地提高每一坪辦公室的使用效率，行動辦公室就是在這樣的背景下產生的。同樣的道理，百貨公司或便利商店在賣場面積無法擴增的限制下，最重要的營運目標就是提升賣場的坪效。7－ELEVEN的每一家店面都不大，但是，他們對每個貨架的效率都會監控，可說是定量管理的極致。

定量管理的精神在有限的資源下，提升資源使用效率

定量管理的精神在於重質不重量，其目的是在有限的資源下，提升資源的使用效率。許多指標管理的作法，其實就是定量管理觀念的實踐。例如，企業每年的支出預算限定在一定的額度內，或是員工生產力必須達到一定的成長率……等。無論是人員、經費、空間或時間，都是有限的資源，當我們使用的資源有所限制時，自然不得不努力提升資源的使用效率。一九七〇年代的能源危機，就造成人類使用能源效率提升的效果。現在政府年年爲稅收不足而煩惱，其實，危機即是轉機，不正可利用這樣的機會好好地檢討政府角度，提升政府的效率嗎？

不要e化人情味

在資訊科技還沒有現在這麼發達的時代，許多工作必須透過人與人的直接接觸才能完成，人情味也就很自然地在人際接觸中孕育發散。資訊科技的發達，降低了人際間爲了工作而直接接觸的需求，正因爲如此，企業故意不用先進的資訊科技來完成某些工作，有時候反而能保有人情味，有利員工間的互動，並增進企業的長期競爭力。

企業透過小小動作，可以大大增進人情味

以企業發給員工薪資這項工作爲例，利用資訊科技，現代企業可以輕易地將員工的每月所得直接匯入員工的銀行帳戶中。不論是固定薪資或是因爲績效而有變動的薪資，員工都可以經由認證程序，直接在公司內部網路知道自己的所得總額。台灣惠普公司雖然將員工薪資直接匯入員工銀行帳戶，卻要求各級主管把員工的薪水單親自送到員工手裡。當主管把薪水單交到員工手裡時，當然也會很自然地對員工說聲謝謝，同時也有可能進一步的對話。在忙碌的企業工作環境裡，只是這麼一個小小的動作，卻大大增進公司的人情味。假如台灣惠普把發薪水單的工作e化，讓員工在網路上看自己的當月所得，在表面上看起來是增進公司效率，卻可能減少主管與員工的互動，而挫傷公司的長期競爭力。

現在人際之間的溝通也常透過電子郵件進行，但是，企業主管如果有重要的指示，親筆寫的指示或電話溝通，一定比電子郵件更有力量。同樣的，如果部屬有非常重要的事情要稟報主管，不能只發電子郵件，透過面對面溝通、電話、傳眞或親筆信，更容易引起主管的重視。

實體比虛擬問候來得更加眞誠溫馨

人情味被e化的現象也出現在其他場合，逢年過節的傳統紙張賀卡已經逐漸被電子賀卡或簡訊所取代，但傳統紙張賀卡遠比簡訊、電子賀卡有人情味，也更可能達到問候的效果。

以我個人經驗來說，我每天收到近百封的電子郵件，爲了節省時間，我通常連看都不看就刪除電子賀卡。至於簡訊，雖然收到時會看一下，卻不會對發信人留下深刻印象。但是，我如果收到傳統賀卡，一定會拆開來看，若是卡片上多寫幾個字，讀起來更是格外眞誠溫馨。試問，發電子賀卡固然比傳統賀卡省力，但又收到什麼效益呢？

除了賀卡被e化外，也有人用網路進行清明節掃墓祭祖工作，這的確可以讓做子孫的減輕很多負擔，只是祖宗亡靈有知的話，不知作何感想？

世界第一大的手機公司諾基亞有句動人的廣告詞：「科技始終來自於人性」。資訊科技的運用，一定要符合人性的需求。諾基亞之所以能成爲世界手機第一品牌，正因爲它的手機操作比較容易比較符合人性。人情味是一種人性需求，可不要輕易被e化。

六、社會觀察

全球華人市場，空中樓閣罷了

受限於諸多因素，我國至今仍沒有眞正足以傲世的國際一流企業。因此，許多具有策略雄心的企業，希望能利用散布在世界各處的華人所擁有的可能優勢，成爲世界級的公司，「全球華人市場」就是在這樣的背景下產生的。然而，所謂的華人市場，看似定位淸楚，實則含混不淸，究竟這樣的市場是否存在，令人懷疑。

一般企業所界定的市場，必須存在某種共通特性，而這個特性足以產生足夠的利潤。共通特性當然是可大可小，市場若是大到一個程度，就足以產生規模經濟，若是不夠大則只是個利基市場。全球華人有十幾億人口，理論上有足夠的經濟規模，但這些華人是否具有構成市場的共通性呢?

散布全球的華人欠缺共通的市場特性

除去中國大陸的十二億人口,散布在全世界的華人約有六千萬人,其中,台灣占了兩千多萬人,東南亞三千多萬人、其他地方總和則約幾百萬人。這些人有什麼共通的市場特性呢?他們說同一種語言嗎?他們信仰同樣的宗教嗎?他們關心相同的問題嗎?他們的飲食習慣相似嗎?他們使用類似的器物嗎?他們用共通的貨幣嗎?答案都是「沒有」。

東南亞、台灣、大陸、歐美地區的華人究竟有多少相似性呢?有別於猶太人,華人其實早已散失了共通的民族感情,一九九八年華人在印尼受到當地土著欺凌的時候,全球其他華人並沒有任何實質的關切與影響。全球華人除了都是黃皮膚,有某種程度的血緣關係之外,還有什麼共通性呢?由於血緣的相似,或許與人體基因有關的醫療產業,具有全球華人市場的開發空間。至於其他的共通性,例如,華人可能都想吃好的、穿好的,並不是華人所特有,而是所有人類的共通性。

大中國區也未必可定位成一個大規模的市場

雖然全球華人市場很難定位，台灣、香港以及中國大陸因爲語言文化還算相通，有可能定位成一個大規模的市場，所以許多外商將這三個地區合併成大中國區。然而，即使在中國大陸，北方的口味與南方的口味也大不相同，以方便麵聞名的頂新集團就十分清楚這個道理，所以，在天津的方便麵與在四川的方便麵口味並不相同。可口可樂在中國大陸各地的配方也不盡相同。海爾出產的空調、冰箱、洗衣機也有南北區域差異。

除了風土民情不同之外，各地的國民所得、稅制、法令等都還有很大的差異，可見，大中國區是否能定位成一個同質的大市場，還很有得討論。當然，畢竟是同文同種，要把大中國區當作一個大市場，也不是毫無道理。

在台灣，高雄與台北的消費習性也有相當差距，只要看看兩處海鮮店的差異就可略知一二。事實上，中國大陸沿海比較發達的都市，如上海、廣州與台北的市場同質性，可能更高於內陸不發達的都市。而台北的某些消費習慣卻又更接近美國的市場，從華納威秀影城以及麥當勞在台北的成功，即可以證明。

目前軟體、媒體產業是新興產業，有些企業發出豪語要針對全球華人的需求，成爲華人最大的軟體、媒體事業。其實，更合理的定位應該是大中國最大的軟體、媒體事業。除去大中國地區市場後，其他的華人市場恐怕只是空中樓閣吧！

改善企業基金會的運作

前幾年，我曾對企業基金會做過一些研究，發現有相當多的中大型企業設有企業基金會，從事慈善或文教的公益活動。雖然有些基金會可以交出不錯的成績單，但大部分基金會的運作、功效都令人懷疑，甚至有不少基金會連董事會的名單都視爲機密，不願意讓人知道，像這樣的基金會究竟有多少事能攤在陽光下呢？

按理說，企業最講求效率，可使基金會發揮積極的力量，成爲社會進步的主要推力。但很可惜，我國企業經營者對於基金會的意義了解有限，成立基金會常常只是爲了企業公關而聊備一格。這使得許多投入企業基金會的資源，只能成就小仁小義，令人惋惜。由於企業的本質在將本求利，企業基於節稅或公關而成立基金會，應是無可厚非。然而，企業只要稍有理念，可以使得企業基金會既利他又利己，何樂不爲呢？我認爲「有心從善」的企業在經營基金會時應有如下的考慮：

一、企業應該選任具有經營能力的人才來經營基金會

有很多企業基金會由企業負責人出任董事長，卻根本沒時間經營，而由經驗能力都有限的人擔任執行工作，也有的基金會並沒有專職人員，而由企業員工兼任，基金會管理成效不彰，自是預料中的事。企業基金會應該選擇有能力、有企圖心的執行者，賦予高度的自主權，才有可能發揮基金會應有的力量。

二、企業基金會應該多推動整體經營環境的改善

目前企業基金會的活動以贊助文教活動爲主，慈善工作其次。企業對其設立基金會的主要方向理應有所堅持，但是，目前有關文教或慈善的基金會已經很多，卻很缺乏以改善整體經營環境爲目的的基金會。例如，我國高科技產業在智慧財產權方面的人才不足，行業內的企業應該贊助這方面的研究與人才培育。又如，企業常常感慨教育失敗，以至於國民缺乏創造力，那企業就應該設法贊助有關教育改革的活動。透過基金會，持續有計畫地改善整體經營環境，對企業、對社會都能發揮長遠的功效。社會上已經有慈濟基金會、國家文藝基金會等重要基金會從事慈善或文教活動，但以改善經營環境爲主要目的的基金會似乎還沒有，如果企業不做，又能期待誰來做呢？

葛斯納在擔任ＩＢＭ執行長期間，就把該公司的公益活動從被動的捐款贊助，改變成主動的協助教育改革，大大增加企業公益的影響力，就是一個很好的典範。

三、企業應該鼓勵員工參與基金會推動的公益活動

企業基金會的運作固然應該獨立於企業本業活動，但是，企業應該鼓勵員工義務參與基金會所推動的公益活動。社會愈進步，則會有愈高比率的公民參與公共事務，擔任義工。許多企業認爲基金會工作是企業公關人員的責任，但企業應該鼓勵其他部門的員工擔任企業基金會的義工，讓基金會變得更有活力、更有創造力。當然，在鼓勵員工擔任義工的過程中，企業千萬不可脅迫員工成爲不義之工，徒使美意成爲惡行，那就失去基金會以及企業從事公益的根本意義。

網際網路的衝擊

網際網路的興起對人類的社會經濟結構所造成的衝擊，已經愈來愈清楚。在可預見的未來，所有的企業都須依賴網際網路從事經營活動，這就好像所有的企業都需要水電才能運作一樣。但現在討論網際網路對企業經營的影響，都來自美國經驗，究竟對我國企業的特殊影響何在，似乎有所不足。網際網路與傳統的經營模式有很多的不同，其中有四項重要特點，對我國企業的衝擊特別大，分別是透明化、直接化、標準化、平等化。

資訊公開透明，傳統人脈關係漸失價值

透明化指的是所有資訊的公開透明。在幾乎是毫無資訊管制的網路世界裡，企業很難隱瞞產品的眞正成本與品質。因此，企業不能再靠著「欺哄」顧客而獲利，企業也不能憑藉特殊的人脈關係而取得商機。舉例來說，在過去有些人可以憑藉著與官員的關係良好而取得政府的採購生意，目前政府採購法規定，所有超過一百萬元以上的採購案，都需要上網公開招標，這使得過去的特殊關係愈來愈無價值。就此而言，網際網路的透明化效果，會使講究人脈的傳統經營手法，愈來愈沒有價值。

產銷直接溝通，促使中間商價值逐漸消失

直接化指的是中間商的消失。大家都知道在產品產銷秩序裡，有很多中間商從中牟利，顧客購買產品的最終價格很可能是產品出貨價格的三到十倍以上。資訊愈不透明、制度愈複雜不合理的社會，中間商的價值愈高。例如，土地代書、房屋仲介、司法黃牛等都可視為「中間商」。網際網路使得資訊愈來愈透明，供應商與終端消費者之間可以直接溝通，中間商的價值也將逐漸消失。事實上，網際網路的確已經對汽車代理商、房屋仲介業等中間商造

成嚴重的威脅。比起歐美先進國家，我國經濟社會的資訊透明度、制度合理度都有明顯不足，也因此，目前我國就業市場中，有比較高的中間商比率。一旦網際網路在我國推動成功，相信對勞動力市場的結構調整，將遠比歐美先進國家爲巨。

網際網路的成功必須憑藉標準與規格的建立

網際網路是一個打破國界疆域的工具，但是，它的成功必須憑藉某些標準或規格的建立。例如，全世界的飛航通訊必須一致，我們才能確保飛航安全，航空事業也才可能發達。網際網路上有待建立的標準包括智慧財產權、交易模式與安全規範等，現在都已逐漸成形。但是，我國政府或企業對於建立標準的影響力，顯然是微乎其微，也就是說，我國企業在網際網路上的交易方式，必須配合、因應國際上的標準。例如，近年來許多企業流行的企業資源規畫系統（ＥＲＰ），就迫使許多企業放棄舊有的各種管理制度，改採ＥＲＰ的制度。假定政府法規與政策、企業經營制度與理念無法配合這一套制度，企業將難以生存。我國有許多企業仍採內外兩套帳運作，許多會計科目不合理，在網路時代勢不可行。從權力運作的角度來看，標準化也會減少企業主管濫用權力的可能，企業主管是否願意輕易放棄這些權力，則是另一個值得思考的問題。

愈是傳統威權的社會或組織，愈難接受網際網路的衝擊

網際網路的興起，不只是一個溝通技術的革命，更重要的是，它也是一個文化的革命。它打破了資訊壟斷，突破了組織層級，也摧毀了各個界域藩籬，人際之間的權威或神秘感因而縮小，任何兩個人都可以透過網際網路連結互動。從這個角度而言，網際網路增進人際之間的平等，因此，愈是傳統威權的社會或組織，愈難接受網際網路的衝擊。

總而言之，網際網路對我國企業與社會所產生的影響，將遠遠超過歐美企業，但也正因爲如此，我國企業與社會要適應網際網路的時代，也會比較困難。

網際網路真的沒疆界？

網際網路的興起，已經造成人類生活方式的巨大衝擊。在諸多衝擊中，最常被人討論的是網際網路將打破地理、國族等疆界的限制，讓人類眞正地進入前所未有的世界大同之境。眞的嗎？

疆界可分為水平與垂直兩種：水平疆界就是傳統國族、地域、語言、文化、企業界限等疆域；垂直疆界則是社會階級、組織內層級的界域限制。這些傳統的疆界的確在逐漸瓦解之中，但網際網路卻築起另外的新疆界。

網際網路瓦解了傳統的疆界，卻築起新的疆界

在過去，一個人的自我認同幾乎都是建立在傳統疆界的基礎上，例如，我是中國人、台灣人，我住在什麼地方等等。進入工業社會，自我認同逐漸建立在對公司或職業的基礎上，例如，我是某某公司員工，我是教授等等。無遠弗屆的網路，可以輕易地連結世界上任何角落，傳統用疆界觀念來畫分你我之間的差異，的確愈來愈不具意義。

在網路世界裡，我可能與一位從未見過面的人無話不談、無所禁忌。換言之，我可能更認同於一位遠在天邊的網友，反而比較不認同與我們流著同樣血液的族人。在職業生涯上，我可能比較認同與我素未謀面的網路「虛擬同好」，而未必與同在一家企業工作的同事產生認同。這正是所謂虛擬社群的顯現，但不也是另外一種疆界的產生嗎？事實上，網路上無以計數的虛擬社群都在努力建築疆界。雖然我們在網路上可以隨意遨遊造訪不同的網站，但網站經營者所要努力的卻是要我們持續地造訪，建立起對網站的認同與疆界，並憑藉著網路疆界創造價值。

在過去，許多資訊是透過階層分級方式處理的，不同階級地位的人所要處理的資訊並不相同。網路打破了傳統的階級，任何一個基層員工都可以直接傳送電子郵件給企業最高主

管。每個人也幾乎都可以在網路上毫無限制地看到任何想要看的資訊。

虛擬社群悄悄築起網路疆界

但是，人腦的認知局限終究有其極限，每個人也都受到一天只有二十四小時的限制。人腦沒有能力也沒有時間處理太多資訊，因此，我們需要專家或某個專家系統幫我們處理或整理過多的資訊。當企業高階主管每天收到成百上千封的郵件時，高階主管一定會依賴秘書、中介者或某個智慧軟體幫他進行初步處理。因此，傳統階層雖然有可能被打破，新的階層將取而代之，而這個新階層可能是網路上的品牌，可能是某種特殊軟體，也可能是某位專家。網路上雖然有許多賣書的網站，但大部分人都只向亞馬遜網路書店購書，亞馬遜網路書店就是一個新階層、新疆界。

總而言之，人必須憑藉疆界來定義自己、找到自我認同。這個世界若眞沒有疆界，人也將迷失自己。網際網路打破了傳統的疆域，必然會建立起另外一種疆界。雖然網路疆界比較模糊，也比較容易重新畫定。但是，這並不表示沒有疆界，否則，人類將不知道如何定義自己、找到自己。

電子郵件引發的倫理爭議

前幾年，半導體產業衰退甚劇，台灣半導體晶圓代工的兩大龍頭——台積電與聯電的獲利都急劇衰退。聯電董事長曹興誠有鑑於此，發給全體員工一封電子郵件，一方面說明半導體產業與聯電的經營環境，另一方面也勉勵大家發揮戰鬥意志與力量。在這封信中，曹興誠還要求員工要對外封口，不得將公司內部機密轉知外人。有些員工將此電子郵件轉給媒體以及外界人士，曹興誠馬上將十位員工撤職，另外還有兩百多人被列入觀察名單。公司領導人發給全體員工的電子郵件，能否稱得上是公司內部機密文件，我無法在此判斷，但這個事件與電子郵件倫理有關，值得我們思考。

電子郵件可以說是網際網路最成功的一個應用功能。因爲電子郵件的出現，企業間與企業內的溝通成本大幅降低。在過去，企業領導人要與全體員工直接溝通幾乎是不可能的任務，現在則只要輕輕的按個鍵就可以完成。知名的國際大企業如奇異公司、福特汽車的執行長都常運用電子郵件，與散布在全球的幾十萬名員工溝通。聯電董事長曹興誠想必也要仿效國際大企業的執行長，希望能藉由電子郵件與員工直接溝通。電子郵件的方便與無遠弗屆，的確節省企業許多溝通成本。然而，電子郵件所引發的倫理爭議，正導因於它的方便與無遠弗屆。

不要任意轉寄電子郵件給不相干的人

首先，過度方便而廉價的電子郵件，常常讓人隨意地發送電子郵件給許多不相干的人。有些人遇到絲毫的小問題就發文昭告天下，不但沒有解決問題，反而引起更大的問題。此外，許多人常常在沒有告知發送人的情形下，就將發送人的郵件任意轉寄給其他人，嚴重地違反發送人的隱私權。因此，企業應該明白地告知員工不得有上述行爲。姑不論曹興誠給全體員工的文件是否屬於機密，但是，員工在沒有告知曹興誠的情形下，就隨意將此文件轉給不相干的人，的確有違電子郵件倫理。至於撤職的手段是否過於嚴厲，則是另一個話題。

不用公司的電子郵件帳戶處理私務

其次，電子郵件常常被用來傳送網路上流行的笑話以及閒言閒語。更有甚者，許多員工還利用上班時間，用公司的電子郵件帳戶處理私人的事務。按理說，公司的電子郵件是用來處理公務，而不是用來做私人事務或娛樂。事實上，有不少公司就明定員工不得用公司的電子郵件帳戶傳遞無關公務的信件。有些公司甚至會檢查員工收發電子郵件的對象與內容，來確定員工的確用電子郵件工作，而非處理私務。許多員工認為，管制或監督員工發送電子郵件的對象與內容，有違員工的隱私權。但就法理而言，員工的電子郵件帳戶的財產權屬於公司，公司當然有權管制。其實，企業應該統計一下，員工上班時花在電子郵件的時間，究竟有多少與工作有關，大概就會明白電子郵件究竟是增加還是降低生產力。

每一種新科技的出現都會引發新的倫理問題，電子郵件的出現就是一個很好的例子。但曹興誠把十名員工革職之後，電子郵件倫理是否就能奠立呢？

政府需要向企業取經嗎？

陳水扁總統在二〇〇一年初曾對公務員訓話，要求他們做好目標管理、成長管理（恕我無知，不知什麼是成長管理）、走動管理以及危機管理。陳總統顯然是受到企業管理的一些理念影響，希望政府官員向企業學習，來提升政府效率。但是，原本在民間企業素有聲望、號稱台灣艾科卡的前中華汽車副董事長林信義，在接任經濟部長之後，其聲望、能力似乎並沒有發揮之處，其道理何在呢？可見政府與企業有些本質上的差異，如果不明就裡地把企業的作法或想法移植到政府，恐怕只會治絲益棼。

企業最重要的目標是打敗競爭者，獲取高額利潤，否則的話，企業會倒閉。處在快速變動的經營環境中，企業需要隨著競爭對手起舞，追求速度以因應競爭。追求速度的結果多少會犧牲決策的品質，因此，企業的方向或策略可能一年數變，但政府可以如此嗎？

政府的重要工作在平衡各方利益，不是打敗競爭者

政府並沒有眞正的競爭者，沒有倒閉問題。幾年一次的政權更迭，最多是換人做領導，文官體制依舊，這就好比企業更換經營團隊，而不是倒閉。所以，政府最重要的工作是平衡各方利益，提供穩定的政策方向，而不是打敗某一競爭者。就此而言，政府決策的品質遠比決策的速度重要。事實上，龐大的公務體系，不論怎麼快，都不可能快過企業。我想在這裡用陳水扁總統所舉的高鐵震動爲例說明。幾年前，高雄路竹與台南新市在角逐南部科學園區的地點時，就已經有人明確地表示新市將有高鐵震動問題。果不其然，現在問題浮現了，才發現這個問題難以解決，似乎爲時已晚，雖然能夠解決，卻增加許多額外預算。於是，國科會又要加速開發路竹園區，以招募想要離去的廠商。早已預知今日，又何必當初呢？事實上當初在選定新市地點時，國科會同時也明確地知道新市還有其他三個大問題：處於洪水平原區，地勢低窪，容易淹水；處於地震斷層帶；處於平埔族史前文明古蹟保護區。但不知道爲什麼，國科會還是決定選擇新市。這個例子充分說明，南科地點選擇的決策品質有嚴重瑕

疵，弄不好，南科的夢想會成爲「南柯一夢」。政府應該好好檢討當初國科會爲何做出這樣的錯誤決策，而不只是責罵現任政府官員沒有管理能力。在錯誤的決策下，什麼管理都難以彌補損失，所差的只是損失大小而已。

政府事先決策的品質應重於事後的管理品質

根據前面所論，陳水扁總統所說的目標管理、成長管理、走動管理以及危機管理，都不是目前官員所應注意的重點。目標管理的前提是有優質穩定的目標制訂過程；沒有方向的走動管理是無厘頭管理；危機管理的重點是防範危機的發生，而不是等危機發生後，再去事故現場做走動管理。

我當然不是說企業管理的觀念不重要，而是強調企業與政府有本質上的不同。企業有競爭者，政府沒有；企業追求利潤效率，政府要注重分配，平衡多方利益；企業決策的速度可能比品質重要，政府的決策品質要比速度重要。因此，政府的決策要比管理更重要。當政策法令的制訂過程完備合理時，只要對有經驗而穩定的文官體系施以適當的管理訓練，自能順利執行這些決策。但願已經半新不舊的政府能盡快找回政府官員的主體與自尊，一味地向企業求才取經，只會事倍功半。

惠普公司的移動式辦公室

爲了節省辦公空間，再加上資訊科技的影響，移動式辦公室（mobile office）成爲一個流行的辦公室設計方向。在移動式辦公室，員工沒有固定的辦公桌位，而在進入辦公室時，視當時的辦公空位而定。在台灣，也有ＩＢＭ、中國生產力中心、勤業衆信管理顧問公司以及惠普公司等採用移動式辦公室。我本來對移動式辦公室頗不認同，但最近參觀了惠普公司的移動式辦公室後，發現移動式辦公室的成敗不在於移動與否，而在於移動與不移動之間的平衡。

員工如果沒有固定的辦公座位，很難對公司產生歸屬感

移動式辦公室最大的優點是節省辦公空間。有些工作如業務或顧問人員，大部分的時間都在公司外面接觸客戶，因此，若每個人都固定占有一個辦公空間，的確不夠經濟。然而，人都有歸屬感與領域的觀念，公司員工如果沒有固定的辦公座位，就很難建立他在公司內的領域，也很難進而產生對公司的歸屬感。當員工走進辦公室時，工作的桌面與鄰近的同事都不是固定的，所產生的不確定與孤獨感，確實很難消弭。

在移動與不移動之間取得平衡

在當時的董事長余振忠的精心思考以及員工的參與設計下，台灣惠普公司的移動式辦公室的成功要素有四：

一、辦公室按職位的功能而設計，而不是按職位的頭銜等級設計，有些職位不適宜移動，就不能成爲移動座位。例如，秘書因爲是協調與後勤的中心，所以，秘書的座位固定不變。董事長雖然是公司最高職位的人，卻也沒有固定座位，必須與其他員工一視同仁的運用移動式辦公室，也因爲董事長以身作則，所以降低了員工對公司

當初推行移動式辦公室的抗拒。

二、用蜂巢式的辦公室設計，把每個工作團隊固定在某一個蜂巢。團隊成員的辦公座位在蜂巢內移動，而不是全公司所有員工隨機的移動。因此，雖然員工的座位可能移動，但卻在辦公室某一個範圍與固定的一組人交換辦公位置。換言之，惠普公司的移動式辦公室在傳統辦公室與百分之百的移動式辦公室之間，取得一個平衡。

三、騰出足夠的空間作爲員工交流互動之用。在這個交流室（lounge）中，公司提供溫暖的氣氛、香郁的咖啡和茶、舒適的桌椅，員工能很輕鬆自在地相互交流或接待客戶。移動式辦公室所可能形成的人際疏離，自然也可以透過這樣的環境解決。

四、充分運用現代資訊科技。無論員工在公司的哪個角落，員工都可以透過無線通訊傳輸，連結上公司內部網路，從事公務。

台灣惠普公司的移動式辦公室，不但成爲惠普全球各分公司的典範，也成爲台灣其他許多公司競相觀摩的對象。管理貴乎平衡，台灣惠普移動式辦公室的成功，再次說明在變與不變之間取得平衡的重要。

（後記：二〇〇三年，惠普公司合併康柏電腦後，台灣惠普公司的董事長換成何薇玲，辦公總部也遷移了，但新辦公室的設計仍然維持原有的基本理念。）

沃爾瑪百貨的時代意義

沃爾瑪是當代美國最具影響力與規模的企業。透過一百二十萬名以上的員工、三千家以上的分店，沃爾瑪在美國境內所形成綿密的商業網絡與通路，可謂史無前例。一家典型的沃爾瑪所販賣的產品，小從衛生紙，大到電機器具，可以達七、八萬種之多。毫無疑問的，沃爾瑪是全世界最懂得薄利多銷、聚沙成塔的企業。沃爾瑪的出現反映兩種時代意義：一是通路產業的興起，另一是消費主義的抬頭。

成立於一九六二年的沃爾瑪，在四十年內，以驚人的成長速度，崛起於美國中西部的阿肯色州，擊敗了原有的百貨業巨人西爾斯（Sears）以及凱瑪，成爲世界最大的百貨公司。

一九九八年，沃爾瑪躍居《財星》雜誌五百大的第三名後，已經連續兩年高居《財星》雜誌五百大的第二大公司。二〇〇〇年營業額接近一千九百四十億美元，獲利六十三億美元。二〇〇一年之後更進而取代艾克森·美孚（Exxon Mobil）石油公司，成爲《財星》雜誌名列第一大的企業。該公司不僅在營收上快速成長，其獲利能力也一再獲得投資大衆的肯定，股價也因而居高不下。近年來，根據《富比世》（*Forbes*）雜誌所統計的美國前十名大富豪，其中有好幾位都是沃爾瑪創辦人山姆·沃爾頓的子裔，其成就可見一斑。

任何企業以及產業的興起，都反映時代的趨勢與需求

任何企業以及產業的興起，都在一定程度上反映時代的趨勢與需求。工業革命初始是物質貧乏、產品不足的時代，只要企業能夠生產東西，不愁沒人買、沒人要，企業不必在意產品創新與行銷通路的問題。那個時代最具代表性的產品，就是福特汽車所生產的T型車，雖然市場上只有一種黑色的福特國民車可以選擇，但消費者卻甘之如飴，福特汽車也不必擔心因爲汽車產品過於單調而賣不出去，反而因爲取得生產規模與效益，而迅速擴充市場。隨著科技的進展與全球化的影響，先進的經濟社會已經進入生產過剩、產品不虞匱乏的時代，企業所面臨最主要的挑戰，是技術創新以及行銷通路的拓展，通路產業的重要性日益增加。沃

爾瑪就是在這樣的背景下崛起。

愈是進步的經濟社會愈可能出現有效率、具規模的通路商

《財星》雜誌從一九五四年開始評選五百大企業時，沃爾瑪還未成立，當時最大的公司是通用汽車。在過去近五十年的《財星》五百大歷史中，通用汽車、福特汽車、艾克森石油、美孚石油（艾克森與美孚這兩家石油公司於一九九九年合併）分別輪占前三名，一直到一九九八年，沃爾瑪才打破這四家企業的盤據，得以擠進前三名。因此，沃爾瑪進入《財星》前三大企業，稱得上是產業發展的一個里程碑，代表產業結構不再由傳統原料業或製造業雄霸獨大，通路業也可能成爲世界最大的企業。事實上，台灣的統一企業藉著經營統一超商以及藥品、咖啡店等通路，而在台灣企業界位居數一數二的地位，也反映了同樣的時代意義。

諾貝爾經濟學獎得主道格拉斯．諾斯（Douglas North）認爲，經濟成長速度決定於經濟體制能否有效地降低交易成本。愈是進步的經濟體，各種經濟交易之間的成本愈低，而從事降低交易成本的經濟活動也愈發達。換言之，進步的經濟體，應該有比較高比率的經濟活動屬於服務業，例如金融、法律、運輸、通信、資訊服務等。百貨零售業是生產者與消費者

之間的交易通路，百貨零售業能否有效地降低通路的成本，不但影響消費者福利，也影響整體經濟效率。因此，愈是進步的經濟社會，愈可能出現有效率具規模的通路商，沃爾瑪正是這樣的一個通路商，其對美國經濟以及消費者的貢獻，可想而知。

近年來，日本、德國之所以無法與美國競爭，交易通路效率不彰是一個重要原因。目前，沃爾瑪得以快速進軍德國、加拿大、墨西哥、中國大陸等國際市場，正因爲這些國際市場的通路極無效率，使得沃爾瑪得以大展身手。透過沃爾瑪，消費者可以有最低價、最多樣的產品選擇。沃爾瑪提供的不僅僅是零售商品，更是一種滿足消費欲望的服務。

雖然在時代需求下，必然會出現類似沃爾瑪的通路商，但爲什麼是沃爾瑪，而不是其他的百貨公司呢？沃爾瑪的成功與其創辦人沃爾頓的經營策略息息相關。沃爾頓已在一九九二年去世，但其薄利多銷的基本經營策略仍然主導著沃爾瑪。

善用資訊科技與運籌系統來降低管銷成本

爲了做好這個策略，沃爾瑪必須擴充商店的數量以及店面的規模，以達成規模經濟的效益。除了創造規模經濟效益之外，沃爾瑪也是最能降低管理成本的百貨業者。沃爾瑪利用最先進的資訊科技以及運籌系統，與供應商維持即時、緊密的資訊交換系統，沃爾瑪因而可以做到幾近零庫存，其存貨成本比任何競爭對手都低。同時，沃爾瑪擁有完整的遞貨系統，絕大部分的商品都可以不假其他遞貨公司，自行運送，而降低商品運送的成本。就管理效率而言，沃爾瑪應該是世界上最具經營效率的百貨零售業。

乍看之下，沃爾瑪可能是很傳統的零售業者，但事實上，沒有其他企業比沃爾瑪更知道如何運用資訊科技，來降低Ｂ２Ｂ或Ｂ２Ｃ的交易成本。二〇〇一年初，電子商務最知名的廠商亞馬遜網路書店與沃爾瑪策略聯盟，開發電子商務市場。低迷已久的亞馬遜網路書店的股價，還因此而乍現生機，足見沃爾瑪的威力。

鄉村包圍都市的展店策略

展店的策略方面，沃爾瑪在發展初期，採用鄉村包圍都市的策略。因爲，在發展前期，沃爾瑪自知無法在城市與凱瑪或西爾斯等大百貨公司競爭，所以，沃爾瑪先在小城鎮拓展店面。這樣的作法，使得沃爾瑪在發展初期，有比較低廉的人力與行政成本，同時，也沒有引起原有大百貨業的注意。等到沃爾瑪足夠壯大而進軍城市與其他百貨鉅子競爭時，其競爭者卻因爲小鎮的市場規模太小，而難以反擊沃爾瑪原有的商店。現在，沃爾瑪已經是世界第一大百貨業了，當然不再用鄉村包圍都市的展店策略，而是運用沃爾瑪的經營規模與效率，進軍國際市場。因爲沃爾瑪具有良好的管理效率與資訊系統，其在國際市場擴張的速度，也遠快於其他主要的競爭者。

現在中國大陸市場的通路業，可說是兵家必爭之地，也是企業勝負的決戰場，沃爾瑪以鄉村包圍都市的展店策略，是很好的借鏡，許多企業都在上海、北京兩大都市競爭，其實到二線甚至三線城市拓展事業，應該有更大的勝算，知名品牌哇哈哈就是採取這種策略。

未來將面臨負起社會責任的嚴峻挑戰

由於沃爾瑪太過於強調降低成本，在執行上難免會產生一些偏差。美國就有公益團體不時地揭發，沃爾瑪在發展中國家採購商品時過度壓低採購價格，迫使供應商不得不運用童工、不注重工安等問題。此外，美國許多小鎮上具有人情味與特色的百貨店，也逐漸被沃爾瑪取代，許多美國人認爲沃爾瑪破壞了小鎮應有的特色。身爲業界的龍頭老大，總有樹大招風的問題，但是，沃爾瑪也必須體認大企業所應該負起的社會責任。這或許是沃爾瑪未來最嚴峻的挑戰。

每個時代都有其代表性產業，鐵路運輸、棉花紡織、鋼鐵、石油、汽車、電信都曾出現過世界數一數二的大公司。從產業發展的歷史洪流來看，沃爾瑪能有今天的地位，不僅反映出通路產業的重要，同時也代表消費主義的抬頭。但是，日新月異的科技發展，其所改變的不僅是社會結構，也是人類思潮與行爲。誰又知道，我們什麼時候又會看到下一個沃爾瑪呢？

農人與商人

農人與商人最大的不同，在於做事的心態與習慣。農人的心態常常是只問耕耘，不問收穫，期待皇天不負苦心人。商人的心態則是將本求利，要問耕耘，更要問收穫，他們不僅想緊緊地把握住每個上天所賜予的機會，更會不停地主動創造機會。此外，農人不需要也比較沒有客戶的觀念，但商人就非常重視客戶，「顧客第一」是商業界的重要信條之一。儘管我國早已邁入商業社會，但許多國人卻仍保有農人不在乎客戶的心態與習慣，成爲阻撓社會進步的重大障礙。

盡人事、聽天命是傳統農業社會的哲學觀

傳統中國以農立國，商人是四民之末。如果一個人太強調客戶第一的觀念，可能會被貶抑成過於現實或勢利；反之，若一個人無視於客戶的立場而堅持自己的想法，則會獲得有風骨、有格調的讚揚。昔日在農業社會，天候是收成好壞的決定性因素，除了只問耕耘的勤奮努力之外，農人對於最終收成的豐瘠或市場情勢的枯榮，除了拜天祈神、看天吃飯之外，幾乎沒有任何掌控能力，因此盡人事、聽天命就成爲傳統農業社會中最重要的哲學觀。農人只要勤奮努力地工作，客戶在哪裡、客戶需要的是什麼等，實在不是農民會關心的問題。

農民這種聽天由命的心態，連帶地也影響到國人對於客戶行銷的立場。「人不知而不慍，不亦君子乎」。沒有客戶在心中的這一套價值觀，早已深植人心。諸葛亮或許早就有心爲天下蒼生服務，卻必須先擺出不求聞達於諸侯的姿態，先由徐庶替他造勢，再等劉備三顧茅廬之後，才能下山服務俗世。得道高僧爲了避免被人數落過於世俗，不得不隱居在深山內，而無法自在地在大衆傳播媒體上拋頭露臉地進行弘法傳道的志業，所以想要修法的人應該自行跋山涉水地前往求法。學術圈內的專家學者亦然，也不應該做太多的自我行銷，否則難免不被嘲諷，被視爲是沒風骨的生意人。

市場趨勢的掌握與創造客戶的價值，並不符合傳統國人的價值觀

然而，我國企業長於製造、短於服務，即因不善於自我行銷與客戶導向觀念不足所致。以ＯＥＭ廠商爲例，它只須服務少數一、兩個客戶，這就好像傳統農民只要爲一、兩個地主服務一樣，這在客戶關係處理的層面上並不複雜。換言之，ＯＥＭ廠商只須專心於生產效率的提升，與農夫克勤克儉的工作觀十分類似，符合國人傳統的價值觀。但是，國人若想創造自我品牌，所要面對的客戶關係就會變得錯綜複雜，例如，此時企業經營的重點不再是效率的提高，而是市場趨勢的掌握與創造客戶的價值，這些課題並不符合傳統國人的價值觀。所以，國內企業在自創品牌的路上，大都是跌跌撞撞，並不順遂。

我行我素、缺少客戶在我心的觀念，也是許多公共政策窒礙難行的主要原因。以教改政策爲例，教改的客戶是中小學的老師、學生以及學生家長。但是，捫心自問，當年教改的主要決策者傾聽或接納過多少客戶的心聲呢？這一份漠視，恐怕就是今日教改的成效遠低於預期的關鍵因素吧！

e時代的休閒管理

e時代是個界域模糊、你泥中有我、我泥中有你的時代。因此，e時代的休閒既可以在實境中體現，也可以在虛擬中進行。我們可以用嚴肅的工作態度來休閒，也可以用輕鬆的休閒態度來工作。由於管理是無所不在的，當然休閒也需要管理管理嘍！

以嚴肅的工作態度來休閒

在傳統的定義中，管理就是有計畫、有步驟地達成目標。因此，休閒管理也就是要有計畫、有步驟地達成休閒的目標。事實上，許多人就是根據這樣的原則進行休閒。台積電董事長張忠謀曾在某次演講中表示，他聽音樂、閱讀都是有計畫、有步驟地進行。一般人聽音樂、閱讀只是輕鬆一下，輕鬆完了是揮揮手不帶走一片雲彩，張忠謀卻能從休閒中學習、進步，帶走許多知識。我猜想張忠謀若要度假，應該也是有計畫、有步驟地進行，今年去這裡，明年去那裡。在前往度假地之前，他大概就會先把該地研究得一清二楚，讓他能夠度假與學習兩相宜。假若你要學習張忠謀的休閒方式，那你就得用嚴肅的工作態度來休閒。

某年耶誕節連續假期的第一天，我在研究室接到一位好友的電話，說他與全家人正在墾丁，而所有可以投宿的旅館都已客滿，是否可以請我找找南部企業界的朋友想法子，替他找一個歇腳的地方。我這位朋友是國內管理顧問界的頂尖高手，擁有相當的事業，卻是用著與張忠謀南轅北轍的方法休閒。他常常一想到要度假，就會開著他的休旅車往鄉下跑，走到哪兒玩到哪兒，從不預先訂旅館，也從不事先特別規畫地點。他有好幾次因爲找不到旅館，還全家睡在休旅車內。對他來說，用這種毫不規畫、隨性的方式休閒，才算是休閒。許多人聽音樂是打開收音機，有什麼聽什麼，聽什麼有什麼。當然，你也可以用這樣的方式休閒。

以輕鬆的休閒態度來工作

有人在度假時會三不五時地檢查他的電子郵件，休閒聽音樂時也還是會接電話，好像這個世界若是沒有他的關心，太陽就會從西邊出來。因此，他表面上是休閒，但卻沒有忘記工作。就另一方面來說，e時代也有愈來愈多人在家工作，這些人在家工作時，似乎也是在休閒。他可以一邊卧在家中躺椅上網工作，一邊享受一級音響。工作休閒要怎麼分，就全看他自己怎麼想了。

過年期間，店家都關了，親友同事也出國度假了，假定你留在台灣，你會發現平日的眞實世界頓然成爲虛擬。那你何妨在電腦上，與出國度假的同事繼續做些本來就該做的事，同時，你也可以上網神遊各個有趣的網站。音樂、遊戲、閱讀、度假……都在彈指之間。套用英國小說家狄更斯（Charles Dickens）的句型來形容e時代——這是一個眞實的時代，也是一個虛擬的時代；這是一個工作的時代，也是一個休閒的時代。e時代的休閒管理，要怎麼管理呢？

先想好最後一哩

現在固網業者面臨的最大挑戰，是如何建構與打通最後一哩（last mile）。固網業者花了大把銀子建立光纖主幹線，卻無法把線路鋪設到最終的使用家戶中，也很難讓終端消費者捨棄既有的中華電信，改用這些新業者的服務。類似的最後一哩問題，普遍存在於各處。政府費盡力氣完成下水道主管道的鋪設，許多家戶的污廢水卻無法連上主管道。蓋高速公路事小，從各地方道路順暢地連結到高速公路，才是最難解決的問題。民間企業蓋電廠容易，把電廠的電配送到每個家戶，卻是困難重重。其實，所有的政策推動，最困難的問題都在最後一哩，為政者一定要先想好最後一哩，才能推動政策。換言之，last mile first。

最後一哩要最先設想好，才不會功虧一簣

其實，除了有形的公共建設很難克服最後一哩的挑戰外，政府政策以及企業經營制度的建立與推動上，最後一哩的問題更難克服。以大學多元入學爲例，多元入學本來是教育改革的一個重要理念，但在實際執行上，卻碰到學生無所適從、家長須花很多報名費、大學老師忙於各種入學行政等等困難。很顯然的，多元入學政策在實際執行時，最大的挑戰來自終端直接受到影響的人員，這些困難正是所謂的最後一哩問題。

在企業經營方面，也常有類似的最後一哩問題。當在上位的經營者想要推動某個制度時，通常他會找些重要幹部研究企畫之後，就開始推動。但受到這個制度影響的員工想法是什麼，卻未必得到應有的重視，於是，當新制度推動時就阻力重重。以現在流行的知識管理爲例，建構知識管理的架構與制度並不困難，如何讓各階層員工能把工作上所產生的知識整理出來，以及讓員工願意使用這個知識管理系統，才是最大的困難所在。而這也是最後一哩的問題。

最後一哩是最重要的一哩，也是企業必須最先考慮的一哩

政策的制訂者常常只看到、想到大的藍圖，卻忽視在政策執行時，受到直接影響衝擊的人們實際所要面對的問題。但是，任何政策的推動若是無法解決最後一哩的問題，就是空中樓閣。經營者在推動任何政策時，一定要先考慮好該如何解決最後一哩的挑戰，才可能成功。就好像中國大陸的三峽大壩工程，最後一哩是當地原有居民的遷移，沒有做好這一哩，什麼都甭談。

現在流行「執行力」的論點，認爲再好的策略或理論都必須通過執行體現。最後一哩能否做好，正是執行力的問題。最後一哩的問題通常是比較細微瑣碎的問題，不容易引起上位者的注意與興趣。一般員工行爲都會順著主管的偏好，如果上位者對最後一哩沒興趣，一般員工當然也不會注意，執行力也就力有未逮。

就企業活動的價值鏈而言，最後一哩就是如何讓顧客花錢使用公司的產品或服務。這個最後一哩是最重要的一哩，也是企業必須最先考慮的一哩。從思考邏輯來說，先想好最後一哩是一種往後推理（backward reasoning）的過程，也是一種從未來倒推到現在的思維邏輯。最後一哩，其實是要最先思考的一哩，換言之，last mile first。

從路名說起

記得在二〇〇〇年，當時新任的交通部長葉菊蘭到松山機場搭飛機赴台中，發現指標不夠清楚，一般民衆若是第一次從松山機場搭機往台中，可能會找不到地方。我發現類似的「指標」問題在台灣特別普遍，反映出國人不知道從使用者或消費者思考的現象。

公家做事常常只注意例行或制式，不會從使用者的立場來思考

凡是去過台北市信義計畫區的人可能都有與我一樣的經驗，老是弄不清楚那些路名的東西南北。信義計畫區因為鄰近松山，所以，所有的路名都以「松」字起首，如松仁路、松壽路等等。但是，這些「松×路」彼此之間的邏輯關係是什麼，我卻怎麼也無法理解。假定，當初路名的訂定依照某種邏輯，例如南北向的路名爲松甲、松乙、松丙……，東西向的路名爲松一、松二、松三……，如此一來，不論我們對信義計畫區有多不熟悉，都可以很快地找到想去的路了。爲什麼當初訂定路名的人，不會考慮如此簡單的道理呢？我不清楚路名訂定的程序，但這麼不合邏輯的路名，顯示出路名訂定的決策過程中，只是把定路名當作一項必須完成的工作而已，而忘了路名必須具有「指標」的作用，應該從使用者的立場設想，易懂好記才對。

公家機構做事由於有太多例行或制式工作，而常常只注意到例行或制式，卻忘了工作的原始意義。路名的訂定，當然有一套例行程序，市政府的有關單位雖然遵從了這套例行程序，卻忽略了路名的指標意義。

多去詢問使用者的使用經驗

換個角度來看，企業界面對競爭壓力，理應比較能從使用者立場設想，但忽視使用者的現象還是相當普遍。

譬如，許多產品設計人員把產品視爲自我表現的園地，而忘了使用者的需求，很容易製造出孤芳自賞的產品。為什麼電子記事本或PDA一直無法風行，一直到Palm Pilot出現之後，才蔚為風潮呢？主要的原因就是Palm Pilot可以從使用者的角度設計，簡單好用，而早期其他的PDA卻都從設計者的立場出發，把PDA的功能弄得十分複雜難用，自然也就無法獲得消費者的青睞。

要能夠從使用者的立場出發，最簡單的方法就是去問或去觀察使用者的產品使用經驗。愈來愈多企業開始聘用人類學家或社會學家來觀察了解使用者的行為，其道理在此。我國企業至今仍以代工為主，難以建立國際品牌，與國人不知道如何從消費者或使用者的角度思考的現象，應有一定的關係吧！

出京、出京、唉！

近年來，因爲一些機緣，常有機會到北京參加研討會，深刻地感受到北京的進步與人民的朝氣，令人對中國大陸的快速崛起刮目相看。但每次在離開北京機場時，都會因爲機場管理的一些問題，引發我「出京、出京、唉！」的感嘆。

八個重重窗口才能搭上飛機

記得在第一次離開北京的那天清晨，我走下出租車進入首都機場後，就急忙地想到航空公司櫃台劃位，不料有位警衛擋住我，要看我是否買了機場建設費。我在這位警衛的指示下，到旁邊的一個窗口買了機場建設券之後，才得以持券入航空公司櫃台。劃好位子之後，我還要經過五個窗口，才登上飛機。第一個窗口是交檢疫登記表，第二個窗口是海關出境檢查，第三個窗口是行李安全檢查，第四個窗口是收機場建設券，最後一個窗口是登機前的登機證檢查。加上前面買建設券、入櫃台的警衛檢查、櫃台劃座位這三個窗口，旅客從進入機場到上飛機前一共要經過八個窗口。如果可以少幾個窗口，不但旅客方便，機場可能也可以節省不少管理成本。我認爲，至少買、收機場建設券及交檢疫表這三個窗口可以減免。

幾乎所有的機場都會要求旅客繳交機場建設費，所以交這筆費用不是問題，問題是爲什麼旅客要多經一個窗口多一道手續才能繳費呢？機場大可以委託航空公司代爲收費，甚至可以在機票票價上直接加上建設費，以現在的資訊科技，機場可以輕鬆容易地與航空公司拆帳，並要求航空公司把這筆費用直接匯入機場帳戶。如此一來，旅客少一個廊煩，機場可以節省兩個窗口，以及每天結算收入等人力與管理成本，航空公司並不會因此而增加太多廊煩，有何不可呢？早期台灣的國際機場，也是要旅客先到一個窗口買了機場建設券之後，才能到航空公司櫃台劃位，一直到前幾年才由航空公司櫃台處理，省了旅客一個廊煩。

應整合各窗口，以提供簡便的服務流程

至於交檢疫登記表的窗口，每位旅客只是把一張表交給一位工作人員，看不出這個窗口發揮了什麼特別功能，那何不把它給廢了呢？

或許有人會說，機場之所以需要這麼多窗口，是因爲整個服務流程的確涉及這麼多的機構單位。但整合各個窗口，提供簡便的服務流程，正是管理者所應該努力的方向。北京首都機場的管理，只是一個小小的例子。

類似的重重窗口管理現象普遍存在於各機構，但是愈進步的社會或企業，愈知道從使用者的立場讓使用者方便，簡化管理的窗口。爲了迎接奧運，北京將建造一個更大、更新的國際機場，但願這個新機場能夠從首都機場學到一些經驗，在管理上更臻完善，減少旅客出京的困難，旅客也就不會有「出京、出京、唉！」的感嘆了。

企業名著62

總經理的面具：掌握管理的情境

2004年7月初版 定價：新臺幣300元

著 者 葉 匡 時
發行人 林 載 爵

出 版 者 聯經出版事業股份有限公司
台北市忠孝東路四段555號
台北發行所地址：台北縣汐止市大同路一段367號
電話：(02)26418661
台北忠孝門市地址：台北市忠孝東路四段561號1-2樓
電話：(02)27683708
台北新生門市地址：台北市新生南路三段94號
電話：(02)23620308
台中門市地址：台中市健行路321號
台中分公司電話：(04)22312023
高雄辦事處地址：高雄市成功一路363號B1
電話：(07)2412802
郵政劃撥帳戶第0100559-3號
郵撥電話：26418662
印刷者 雷射彩色印刷公司

叢書主編 顏 惠 君
校 對 呂 佳 真
李 淑 芬
封面設計 楊 鳳 儀

行政院新聞局出版事業登記證局版臺業字第0130號

本書如有缺頁，破損，倒裝請寄回發行所更換。 ISBN 957-08-2721-1（平裝）
聯經網址 http://www.linkingbooks.com.tw
信箱 e-mail:linking@udngroup.com

國家圖書館出版品預行編目資料

總經理的面具：掌握管理的情境 /
葉匡時著．--初版．
--臺北市：聯經，2004年（民93）
360面；14.8×21公分．（企業名著：62）

ISBN 957-08-2721-1(平裝)

1.企業管理-論文,講詞等

494.07 93010523